Walter Ledermann

Einführung in die Gruppentheorie

für Studenten
der Mathematik,
der Naturwissenschaften und
der Ingenieurwissenschaften

Mit 6 Bildern

Vieweg

W. *Ledermann*
Introduction to Group Theory
Oliver and Boyd, Edinburgh

Aus dem Englischen übersetzt von
Dr. *Detlef Gronau*

CIP-Kurztitelaufnahme der Deutschen Bibliothek

Ledermann, Walter
Einführung in die Gruppentheorie: für Studenten
d. Mathematik, d. Naturwiss. u. d. Ingenieurwiss.
– 1. Aufl. – Braunschweig: Vieweg, 1977.
   Einheitssacht.: Introduction to group theory ⟨dt.⟩

1977

Alle Rechte an der deutschen Ausgabe vorbehalten
© der deutschen Ausgabe
Softcover reprint of the hardcover 1st edition 1977
Friedr. Vieweg & Sohn, Verlagsgesellschaft mbH, Braunschweig, 1977

ISBN-13: 978-3-528-03576-1   e-ISBN-13: 978-3-322-85521-3
DOI: 10.1007/ 978-3-322-85521-3

Inhalt

IV. Endlich erzeugte abelsche Gruppen

V. Erzeugende und Relationen

VI. Reihen von Untergruppen

VIII. Sylow-Theoreme

I. Gruppen

1. Einleitung

Die elementaren Operationen in der Arithmetik bestehen darin, daß man zwei Zahlen a und b in Übereinstimmung mit einigen wohldefinierten Regeln verknüpft und so eine neue eindeutig bestimmte Zahl c erhält. Nehmen wir zum Beispiel als *Verknüpfungsregel* die Multiplikation, so schreiben wir c = ab. Wenn a und b gegeben sind, dann kann die Zahl c in jedem Fall gefunden werden.

Es ist bekannt, daß die Multiplikation von zwei oder mehreren Zahlen gewissen formalen Regeln gehorcht, welche für alle Produkte gelten, unabhängig vom speziellen numerischen Wert:

$$ab = ba; \qquad \textit{Kommutativgesetz} \tag{1.1}$$
$$(ab)c = a(bc) \qquad \textit{Assoziativgesetz} \tag{1.2}$$
$$1\,a = a\,1 = a \tag{1.3}$$

Die letzte Gleichung hat die Einführung eines speziellen Elementes, des *Einselementes*, zur Folge. Das zweite Gesetz lautet ausführlicher: wenn wir ab = s und bc = t setzen, dann gilt immer sc = at.

In der axiomatischen Behandlung der Arithmetik ist es üblich, zuerst die Axiome oder Postulate etwa solche wie (1.1), (1.2) und (1.3) festzulegen, sowie auch gewisse andere Verfahrensregeln bezüglich der Addition oder der Multiplikation einzuführen, und man leitet davon dann die logischen Folgerungen ab. Es ist dabei am Anfang unwesentlich, ob die Symbole a, b, ... Zahlen, wie wir sie im üblichen Sinne verstehen darstellen, oder etwa andere mathematische Größen, ja man verzichtet oft auf eine konkrete Interpretation. Es sind auch zahlreiche axiomatische Systeme im logischen Sinne möglich, jedoch sind diese nicht alle in gleicher Weise interessant oder wichtig. Es hat sich jedoch ein Axiomensystem entwickelt, das wegen seiner Vielfalt und Bedeutung in der reinen und angewandten Mathematik den anderen vorgezogen wurde.

2. Die Axiome der Gruppentheorie

Die abstrakte Gruppentheorie befaßt sich mit einer endlichen oder unendlichen Menge von Elementen

$$G: a, b, c, \dots$$

auf der eine Verknüpfungsregel definiert ist. Üblicherweise (jedoch nicht immer) wird bei der Bezeichnung der Verknüpfung die Schreibweise der Multiplikation verwendet. Daher wollen wir annehmen, daß je zwei Elemente a, b aus G (es kann dabei auch a = b sein) ein eindeutig bestimmtes Produkt c besitzen und wir schreiben

$$ab = c.$$

Formaler ausgedrückt bedeutet dies, daß jedem geordneten Paar (a, b) ein eindeutig bestimmtes Element c zugeordnet wird. Der Ausdruck geordnetes Paar bedeutet dabei, daß wir zwischen (a, b) und (b, a) unterscheiden müssen, falls $a \neq b$ ist. Es ist dabei eine wesentliche Eigenschaft einer Gruppe, daß das Produkt von zwei Elementen wieder ein Element dieser Gruppe ist. Man sagt die Gruppe ist abgeschlossen bezüglich der Multiplikation. Die Multiplikation in Gruppen muß bestimmte Axiome erfüllen, welche in der folgenden Definition angeführt sind.

Definition 1: Eine Menge G für welche eine Verknüpfungsregel („Multiplikation") definiert ist, bildet eine Gruppe, wenn die folgenden Bedingungen erfüllt sind:

I. Abgeschlossenheit: Jedem geordneten Paar a, b aus G wird ein eindeutig bestimmtes Element c aus G zugeordnet, welches das Produkt von a und b genannt wird. Man schreibt:

$$c = ab.$$

II. Assoziativgesetz: Für drei beliebige Elemente a, b, c aus G gilt

$$(ab)c = a(bc),$$

so daß jede Seite mit abc bezeichnet werden kann.

III. Einselement: Die Menge G enthält ein Element 1, genannt das *Einselement* (oder *Identität* oder *neutrales Element*), so daß für jedes Element a aus G gilt

$$a1 = 1a = a.$$

IV. Inverses Element: Zu jedem Element a aus G existiert ein Element a^{-1} in G derart, daß gilt

$$aa^{-1} = a^{-1}a = 1.$$

Man kann sehen, daß diese Postulate gerade die Regeln sind, die bei der Multiplikation der üblichen Zahlensysteme, zum Beispiel der rationalen Zahlen erfüllt sind. Es fehlt nur das Kommutativgesetz, welches bei allgemeinen Gruppen nicht verlangt wird.

Definition 2: Eine Gruppe mit der zusätzlichen Eigenschaft, daß für je zwei seiner Elemente a und b gilt

$$ab = ba,$$

heißt *abelsche* *) oder *kommutative* Gruppe.

Der Verzicht auf das Kommutativgesetz für Gruppen macht es erforderlich, zwischen ab und ba zu unterscheiden. Wir sagen daher, daß a von rechts beziehungsweise von links mit b multipliziert wird. Während das Kommutativgesetz nicht durchwegs in Gruppen gelten muß, kann es doch vorkommen, daß es für spezielle Paare gilt.

---

*) Nach N. H. Abel (1802–1829).

Definition 3: Man sagt, daß zwei Elemente a und b kommutieren (oder vertauschbar sind), wenn gilt

$$ab = ba \, .$$

Zum Beispiel kommutiert 1 mit jedem Element und a kommutiert immer mit a^{-1}, wie es ja in IV verlangt wurde.

Wir werden nun einige Folgerungen aus den Axiomen herleiten, welche etwas mehr Einblick in die Gruppenstruktur gewähren.

(i) Das Assoziativgesetz wurde nur für je drei Elemente gefordert. Man wird jedoch sehen, daß ein Produkt von n Faktoren, die in einer bestimmten Anordnung gegeben sind, einen eindeutig definierten Wert hat, so daß Klammern eingefügt oder auch weggelassen werden können, solange nur die Reihenfolge nicht verändert wird. Denn, wenn wir Axiom II als Grundlage für die Induktion verwenden, können wir annehmen, daß ein Produkt von weniger als n Faktoren schon definiert ist und daß gilt

$$a_1 a_2 \ldots a_r = (a_1 a_2 \ldots a_s)(a_{s+1} \ldots a_r) \, ,$$

mit $1 \leqslant s < r < n$. Wir müssen nun zeigen, daß

$$(a_1 \ldots a_r)(a_{r+1} \ldots a_n) = (a_1 \ldots a_s)(a_{s+1} \ldots a_n) \, , \tag{1.4}$$

was zur Folge hat, daß zwei Stellungen der Klammern zum selben Ergebnis führen. Die linke Seite von (1.4) können wir in der Form

$$[(a_1 \ldots a_s)(a_{s+1} \ldots a_r)](a_{r+1} \ldots a_n) = [b_1 b_2] b_3 \, ,$$

anschreiben, wobei die Produkte in den runden Klammern mit b_1, b_2 und b_3 bezeichnet wurden. Die rechte Seite von (1.4) kann in der Form

$$(a_1 \ldots a_s)[(a_{s+1} \ldots a_r)(a_{r+1} \ldots a_n)] = b_1 [b_2 b_3] \, ,$$

ausgedrückt werden, wobei der zweite Faktor mit Hilfe der Induktionsvoraussetzung aufgelöst wurde. Aus Axiom II erhalten wir dann

$$[b_1 b_2] b_3 = b_1 [b_2 b_3] \, ,$$

womit die Behauptung (1.4) bewiesen ist. Wir sind somit berechtigt, alle Klammern wegzulassen und bezeichnen jede Seite mit

$$a_1 a_2 \ldots a_n \, .$$

Falls im speziellen alle Faktoren gleich sind, schreiben wir wie in der gewöhnlichen Algebra

$$\begin{aligned} aa &= a^2 \\ (aa)a = a(aa) &= a^3 \end{aligned}$$

$$\ldots\ldots\ldots\ldots\ldots$$

Somit erhalten wir, wenn m und n positive ganze Zahlen sind

$$a^m a^n = a^n a^m = a^{m+n} \tag{1.5}$$

und

$$(a^m)^n = a^{mn} \, . \tag{1.6}$$

Es ist dabei interessant zu beobachten, daß die vertrauten Gesetze der Exponenten in (1.5) und (1.6) ausschließlich aus dem Assoziativgesetz der Multiplikation folgen.

Falls a und b nicht vertauschbar sind, wird im allgemeinen gelten:

$$(ab)^n \neq a^n b^n .$$

Wenn aber a und b kommutieren, haben wir

$$(ab)^n = abab \ldots ab = a^n b^n \tag{1.7}$$

und

$$a^m b^n = b^n a^m ,$$

da wir in diesem Falle die Faktoren in beliebiger Weise anordnen können.

(ii) Axiom III fordert die Existenz eines zweiseitigen Einselementes. Wir werden nun beweisen, daß es nur ein solches Element geben kann. Denn, angenommen, daß ein anderes Element $1'$ die selben Eigenschaften wie 1 besitzt, dann ist $11' = 1$, weil $1'$ von rechts als Einselement wirkt. Wir haben aber auch $11' = 1'$, weil 1 von links als Einselement wirkt. Also ist $1 = 1'$.

(iii) Das in Axiom IV geforderte (zweiseitige) Inverse ist eindeutig bestimmt. Denn angenommen es gilt $aa_1 = 1$. Dann kann $a^{-1} aa_1$ auf zwei Arten aufgelöst werden, nämlich

$$a^{-1} aa_1 = (a^{-1} a) a_1 = 1 a_1 = a_1$$

und

$$a^{-1} aa_1 = a^{-1} (aa_1) = a^{-1} 1 = a^{-1} ,$$

also ist $a_1 = a^{-1}$. Genauso hat die Gleichung $a_2 a = 1$ zur Folge, daß $a_2 = a^{-1}$ ist. Tatsächlich haben wir sogar gezeigt, daß jedes Linksinverse und jedes Rechtsinverse von a gleich a^{-1} ist.

Die Gleichungen

$$ax = b, \quad ya = b$$

besitzen die Lösungen

$$x = a^{-1} b, \quad y = ba^{-1} .$$

Im allgemeinen ist $x \neq y$ und wir haben deshalb zwischen linker und rechter „Division" durch a zu unterscheiden. Die Lösungen x und y sind jedoch eindeutig bestimmt. Denn, wenn

$$ax = ax_1 = b$$

ist, ergibt die Multiplikation mit a^{-1} von links $x = x_1$. Ebenso folgt aus

$$ya = y_1 a = b ,$$

daß $y = y_1$ gilt.

Mit dem vorgehenden haben wir gezeigt, daß in jeder Gruppe die *Kürzungsregel* gilt, das heißt, wir können sowohl von links als auch von rechts kürzen.

Klarerweise gilt

$$1 = 1^2 = 1^3 = \ldots = 1^n \,, \tag{1.8}$$

wobei n eine positive ganze Zahl ist. Da a und a^{-1} kommutieren, erhalten wir aus (1.8) und (1.7)

$$1^n = 1 = (aa^{-1}) = a^n(a^{-1})^n \,.$$

Wegen der Eindeutigkeit des Inversen folgt daher, daß $(a^{-1})^n$ das Inverse von a^n ist. Üblicherweise schreibt man

$$(a^n)^{-1} = (a^{-1})^n = a^{-n} \tag{1.9}$$

und setzt

$$a^0 = 1 \tag{1.10}$$

für jedes beliebige Element a. Der Leser wird sich ohne Schwierigkeiten davon überzeugen können, daß die Regeln (1.5) und (1.6) auch dann noch gelten, wenn m und n beliebige ganze Zahlen, positive, negative oder auch null darstellen. Insbesondere können wir auch beobachten, daß zwei Potenzen ein und desselben Elementes immer kommutieren, selbst wenn die Exponenten negativ oder null sind, also

$$a^k a^l = a^l a^k \,. \tag{1.11}$$

Für zwei Elemente a und b erhalten wir

$$(ab)(b^{-1}a^{-1}) = abb^{-1}a^{-1} = 1 \,,$$

also wegen der Eindeutigkeit des Inversen

$$(ab)^{-1} = b^{-1}a^{-1} \tag{1.12}$$

und noch allgemeiner

$$(ab \ldots st)^{-1} = t^{-1}s^{-1} \ldots b^{-1}a^{-1} \,. \tag{1.13}$$

Zum Abschluß bemerken wir noch, daß 1 das einzige *idempotente* Element der Gruppe ist. Das heißt die einzige Lösung der Gleichung

$$x^2 = x \tag{1.14}$$

ist $x = 1$.

Denn, wenn man (1.14) von links mit x^{-1} multipliziert, ergibt dies

$$x^{-1}x^2 = x^{-1}x \,,$$

und daher

$$x = 1 \,.$$

Wenn G aus einer endlichen Anzahl von Elementen besteht, dann nennt man diese Anzahl die *Ordnung* von G; anderenfalls heißt G von unendlicher Ordnung. Die Ordnung von G, egal ob endlich oder unendlich wird mit

$$|G|$$

bezeichnet.

Obwohl für die Verknüpfung der Gruppenelemente die Nomenklatur der Multiplikation am meisten gebräuchlich ist, ist es manchmal von Vorteil, andere Zeichen für das Zusammengesetzte von a und b wie etwa

$$a \circ b$$

zu verwenden.

Falls die Gruppe abelsch ist (und in diesem Buch nur in diesem Fall), wird häufig die additive Schreibweise verwendet. Dann schreiben wir also

$$a + b \quad (= b + a)$$

für das Zusammengesetzte von a und b. Das Assoziativgesetz hat die Form

$$(a + b) + c = a + (b + c) .$$

Die Identität (neutrales Element) wird mit 0 bezeichnet, also

$$a + 0 = 0 + a = a$$

und das Inverse von a schreibt man als $-a$. Das Analogon zu einer „Potenz" von a ist nun

$$a + a + \ldots + a = na ,$$

wobei auf der linken Seite n gleiche Terme auftreten. Es sollte dabei beachtet werden, daß die ganze Zahl n auf der rechten Seite normalerweise kein Element der Gruppe ist; in Wirklichkeit ist na nur eine Abkürzung für den Ausdruck auf der linken Seite. Die Gesetze (1.5) und (1.6) haben nun die Form

$$(n + m)a = na + ma$$
$$n(ma) = (nm)a .$$

Außerdem verwenden wir die Bezeichnung

$$-(na) = (-n)a .$$

Da die Gruppe abelsch ist, haben wir weiters noch die Beziehung

$$n(a + b) = na + nb .$$

3. Beispiele von Gruppen

Gruppen treten in reichlichem Maße in allen Zweigen der Mathematik auf. Wir führen hier nur einige wenige Beispiele von Gruppen an, welche der Leser vielleicht schon hier und da kennengelernt hat.

(i) Die Menge der positiven rationalen Zahlen bilden eine Gruppe bezüglich der Multiplikation. In der Tat ist das Produkt zweier positiver rationaler Zahlen wieder eine positive rationale Zahl, das Einselement ist die rationale Zahl 1 und das Inverse einer positiven rationalen Zahl ist ebenfalls solche eine Zahl. Die Assoziativität ist als eines der Gesetze der Arithmetik bekannt. Es handelt sich hier um eine unendliche abelsche Gruppe. Offensichtlich bilden die negativen rationalen Zahlen keine Gruppe, ebenso wie die positiven ganzen Zahlen, da hier bei jedem von 1 verschiedenen Element das Inverse fehlt.

(ii) Die Menge aller ganzen Zahlen bilden eine Gruppe bezüglich der Addition. Diese Gruppe wird oft mit Z bezeichnet.

(iii) Rotationen um einen festen Punkt: wenn ein starrer Körper frei beweglich um einen festen Punkt O ist, ist jede Veränderung der Lage des Körpers eine Drehung von einem Winkel α um eine Gerade l, welche durch O geht. So eine Drehung wird mit (l, α) oder kürzer mit einem einzigen Buchstaben $a = (l, \alpha)$ bezeichnet. Wenn b eine andere Drehung um O ist, dann wird das Produkt ab als diejenige Drehung definiert, welche sich ergibt, wenn man auf die Drehung a die Drehung b folgen läßt. (Man beachte die Reihenfolge — manche Autoren bevorzugen die entgegengesetzte Schreibweise, wobei die Produkte von rechts nach links gelesen werden müssen.) Mit dieser Verknüpfung bildet die Menge aller Drehungen um O eine nichtabelsche Gruppe. Das Einselement kann mit $(l, 0)$ dargestellt werden, wobei l beliebig ist und das Inverse von (l, α) ist $(l, -\alpha)$. Das Assoziativgesetz folgt aus der Tatsache, daß Drehungen spezielle lineare Transformationen sind.

Häufig sind wir nur an solchen Drehungen interessiert, welche den Körper wieder in Deckungsgleichheit mit sich selbst überführen. Diese Untermenge der Drehungen bilden ebenfalls eine Gruppe, die *Symmetriegruppe* des Körpers.

Die folgenden Zeichnungen demonstrieren die Tatsache, daß das Kommutativgesetz nicht immer erfüllt ist: mit 1234 bezeichnen wir ein quadratisches Plättchen, welches am Anfang wie aus Bild 1 ersichtlich in der (x,y)-Ebene liegt, die z-Achse bildet einen rechten Winkel zum Plättchen. Wir legen Oxyz als rechtsorientiertes Bezugssystem starr im Raum fest.

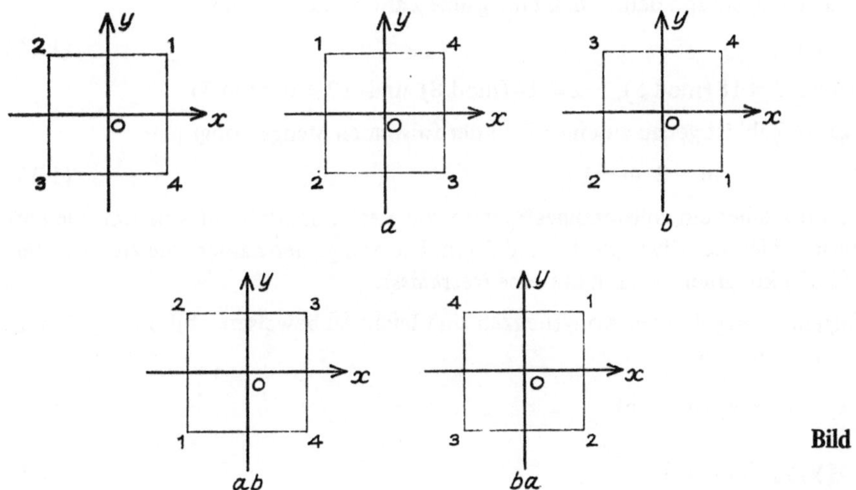

Bild 1

Mit den obigen Bezeichnungen lauten

$$a = (Oz, \tfrac{1}{2}\pi), \quad b = (Ox, \pi)$$

und man sieht aus den letzten zwei Diagrammen, daß ab und ba zu zwei verschiedenen Lagen des Plättchens führen.

(iv) Matrizengruppen: der Leser wird wohl mit der elementaren Matrixalgebra und speziell mit der Matrizenmultiplikation vertraut sein. Einige der bedeutendsten Beispiele von Gruppen werden durch spezielle Mengen von Matrizen geliefert.

a) Es sei F ein Körper, zum Beispiel der Körper der rationalen Zahlen. Man betrachte alle nichtsingulären n mal n Matrizen mit beliebigen Elementen aus F. Diese Menge bildet eine Gruppe unter der Matrizenmultiplikation. Sie wird mit $GL(n, F)$ bezeichnet und heißt die *allgemeine lineare Gruppe* vom Grad n über F.

b) Die Menge aller orthogonaler Matrizen vom Grad n über F bilden eine Gruppe unter der Matrizenmultiplikation.

c) Die Menge der nichtsingulären n mal n Matrizen mit Elementen aus den ganzen Zahlen ist abgeschlossen unter der Multiplikation. Jedoch gehört die Inverse solch einer Matrix im allgemeinen nicht zu dieser Menge, da bei der Bildung der inversen Matrix die Division durch die Determinante erforderlich ist. Allerdings bildet die Menge der ganzzahligen Matrizen mit Determinante ± 1 eine Gruppe; man nennt sie die *unimodulare Gruppe**) vom Grad n.

(v) Restklassen: es sei m eine festgewählte ganze Zahl größer als eins, welche im folgenden der *Modul* genannt wird. Zwei ganze Zahlen x und y heißen kongruent in bezug auf den Modul m, oder *kongruent modulo* m, wenn $x-y$ durch m teilbar ist. Man schreibt dies symbolisch

$$x \equiv y \pmod{m} \tag{1.15}$$

und dies ist gleichbedeutend damit, daß eine ganze Zahl k existiert mit

$$x = y + km. \tag{1.16}$$

Zum Beispiel ist $3 \equiv 18 \pmod 5$, $-2 \equiv 14 \pmod 8$ und $12 \equiv 0 \pmod 3$.

Jede ganze Zahl ist genau zu einer Zahl der folgenden Menge kongruent

$$Z_m: 0, 1, 2, \ldots, m-2, m-1. \tag{1.17}$$

Diese Menge wird daher ein vollständiges System von Resten modulo m genannt. Sie enthält die kleinsten nichtnegativen Reste modulo m. Die Menge der Zahlen, die zu einer der Zahlen aus (1.17) kongruent sind, heißt eine *Restklasse*.

Die folgenden Regeln über Kongruenzen sind leicht zu beweisen: für $x_1 \equiv y_1 \pmod{m}$ und $x_2 \equiv y_2 \pmod{m}$ gilt

$$x_1 + x_2 \equiv y_1 + y_2 \pmod{m} \tag{1.18}$$

und

$$x_1 x_2 \equiv y_1 y_2 \pmod{m}. \tag{1.19}$$

Mit Hilfe von (1.18) können wir (1.17) mit einer additiven Gruppenstruktur versehen, indem wir dem Kompositum $a + b$ diejenige Zahl aus (1.17) zuweisen, die zur Zahl $a + b$ kongruent modulo m ist. Mit anderen Worten, die Verknüpfung besteht aus einer gewöhn-

---

*) Einige Autoren verwenden diesen Ausdruck nur für Matrizen von der Determinante eins.

lichen Addition und, falls notwendig, aus einer Reduktion zum kleinsten nichtnegativen Rest modulo m. Das neutrale Element ist null und das Inverse von a ist $m - a$. Damit ist Z_m eine Gruppe; man nennt sie die *additive Restklassengruppe modulo* m. Für $m = 5$ gilt zum Beispiel: $1 + 2 = 3$, $3 + 4 = 2$, $2 + 3 = 0$ und so weiter.

Man wird nun fragen, ob auch (1.19) in ähnlicher Weise dazu verwendet werden kann, um eine multiplikative Gruppenstruktur auf der Menge der Restklassen einzuführen. Doch man wird bald sehen, daß es hier Schwierigkeiten geben wird, selbst wenn wir die Nullrestklasse weglassen, welche natürlich nie ein Element einer multiplikativen Gruppe mit mehr als einem Element sein kann. Wie wir gesehen haben (Seite 4), verlangt die Kürzungsregel, daß aus $cx = cy$ folgt, daß $x = y$. Jedoch gilt $22 \equiv 4 \,(\mathrm{mod}\ 6)$, dagegen $11 \not\equiv 2 \,(\mathrm{mod}\ 6)$; also gilt die Kürzungsregel nicht im allgemeinen für die Multiplikation modulo m. Wie wir jedoch sehen werden, gilt die Kürzungsregel in speziellen Fällen. Um diese Situation zu untersuchen, müssen wir noch einige Ergebnisse und Bezeichnungen aus der elementaren Zahlentheorie einführen: der größte gemeinsame Teiler von a und b wird mit (a, b) bezeichnet; speziell wenn $(a, b) = 1$ ist, sagen wir, daß a und b *relativ prim* sind. Wenn a b teilt, schreiben wir $a \mid b$. Die folgenden Behauptungen seien ohne Beweis angeführt:

(i) aus $m \mid kc$ und $(m, k) = 1$ folgt $m \mid c$

(ii) aus $(m, a) = 1$ und $(m, b) = 1$ folgt $(m, ab) = 1$

(iii) wenn $(m, a) = 1$ ist, existieren ganze Zahlen u und v mit $au + mv = 1$.

Wenn nun $(k, m) = 1$ ist, können wir zeigen, daß aus der Kongruenz

$$kx \equiv ky \,(\mathrm{mod}\ m) \tag{1.20}$$

folgt $x \equiv y \,(\mathrm{mod}\ m)$. Denn (1.20) ist äquivalent mit $m \mid k(x - y)$, daher gilt nach (i) $m \mid x - y$ und somit $x \equiv y \,(\mathrm{mod}\ m)$.

Also kann ein Faktor gekürzt werden, wenn er zum Modul relativ prim ist. Die Anzahl derjenigen Zahlen aus der Menge

$$1, 2, \ldots, m,$$

welche zu m relativ prim sind wird mit $\phi(m)$ *(Eulerfunktion)* bezeichnet. Zum Beispiel ist $\phi(9) = 6$, da es 6 ganze Zahlen n mit $1 \leqslant n \leqslant 9$ und $(n, 9) = 1$ gibt. Wenn p eine Primzahl ist, sind alle Zahlen der Menge $1, 2, , \ldots, p$ mit Ausnahme der letzten relativ zu p, also ist

$$\phi(p) = p - 1. \tag{1.21}$$

Wiederum, falls $m = p^r$, wobei r eine positive ganze Zahl ist, dann sind nur die Vielfachen von p in der Menge $1, 2, \ldots, p^r$ nicht relativ prim zu p^r; da es p^{r-1} solche Vielfache gibt, folgt

$$\phi(p^r) = p^r - p^{r-1}. \tag{1.22}$$

Man setzt üblicherweise

$$\phi(1) = 1. \tag{1.23}$$

Sei nun allgemein

$$R_m : a_1, a_2, \ldots, a_{\phi(m)} \tag{1.24}$$

die Menge der kleinsten positiven, zu m relativ primen Reste; also $(a_i, m) = 1$ und
$0 < a_i < m$. Einer der Reste, etwa a_1 sei gleich 1. Nach (ii) ist das Produkt zweier Elemente
aus (1.24) wieder relativ prim zu m; falls dieses Produkt größer als m ist, ist es nicht in
(1.24) enthalten, aber es ist, wie jede zu m relativ prime Zahl zu einem Element von (1.24)
kongruent. Daher können wir schreiben

$$a_i a_k \equiv a_l \pmod{m} \tag{1.25}$$

und wir definieren eine Verknüpfungsregel in R_m als Multiplikation, gefolgt (falls notwendig) von einer Reduktion zum kleinsten positiven Rest modulo m, zum Beispiel

$$4 \times 5 \equiv 2 \pmod 9, \quad 4 \times 7 \equiv 1 \pmod 9 .$$

Wenn es klar ersichtlich ist, daß wir mit einer Verknüpfung modulo m operieren, daß
also die „Gleichungen" nur modulo m gelten, dann sei es uns gestattet, die Verknüpfung
in R_m einfach in der Form

$$a_i a_k = a_l \tag{1.26}$$

anzuschreiben. Von den Eigenschaften der Kongruenzen kann man leicht die Gültigkeit des
Kommutativ- und des Assoziativgesetzes ableiten und es ist klar, daß $1\ (= a_1)$ das Eins-
element ist. Es bleibt noch zu zeigen, daß jedes Element $a \in R_m$ auch ein Inverses besitzt.
Da $(a, m) = 1$ gilt, können wir (iii) anwenden und davon die Existenz der Gleichung

$$au + mv = 1 \tag{1.27}$$

herleiten. Dies ist äquivalent zu $au = 1 \pmod m$. Daher ist u das Inverse von a in R_m.
Also bildet R_m unter der so definierten Verknüpfung eine abelsche Gruppe der Ordnung
$\phi(m)$.

4. Die Multiplikationstabelle

In der abstrakten Gruppentheorie wird kein Bezug auf die Natur der Gruppenelemente
genommen. Die Gruppe ist vollständig gegeben, wenn alle möglichen Produkte ab bekannt
sind oder diese durch bestimmte Regeln definiert werden können. In einer endlichen Gruppe
der Ordnung g gibt es g^2 solche Produkte, welche in einfacher Weise in Form einer $g \times g$
Multiplikationstabelle aufgelistet werden können, wie dies das erste Mal von A. Cayley *)
angeregt wurde. Die folgenden Tabellen zeigen Gruppen der Ordnung 2, 3 und 4.

(i)

	1	a
1	1	a
a	a	1

(ii)

	1	a	b
1	1	a	b
a	a	b	1
b	b	1	a

(iii)

	1	a	b	c
1	1	a	b	c
a	a	1	c	b
b	b	c	1	a
c	c	b	a	1

(iv)

	1	a	b	c
1	1	a	b	c
a	a	b	c	1
b	b	c	1	a
c	c	1	a	b

*) Phil. Mag., vol. vii (4), 1854.

In allen Fällen steht das Produkt xy im Durchschnitt von der Zeile mit der Bezeichnung x und der Spalte mit der Bezeichnung y. Zum Beispiel haben wir in (iii) $ac = b$, während in (iv) $ac = 1$ gilt. Der Leser wird bemerken, daß jede dieser Gruppen abelsch ist, was dadurch zum Ausdruck kommt, daß die Tabellen symmetrisch in Bezug auf die Nordwest-Südost-Diagonale ist.

Ein instruktiveres Beispiel liefert die Gruppe

$$G: 1, a, b, c, d, e \tag{1.28}$$

von der Ordnung 6 mit folgender Multiplikationstabelle:

(v)

	1	a	b	c	d	e
1	1	a	b	c	d	e
a	a	b	1	e	c	d
b	b	1	a	d	e	c
c	c	d	e	1	a	b
d	d	e	c	b	1	a
e	e	c	d	a	b	1

$$\tag{1.29}$$

Einige Gruppeneigenschaften werden aus dieser Tabelle klar ersichtlich: Die Abgeschlossenheit erscheint deutlich, weil jede der Eintragungen in der Tabelle ein Element aus (1.28) ist; die Wirkung des Einselementes entspricht der Tatsache, daß jeweils die erste Zeile und die erste Spalte die Elemente von (1.28) in der ursprünglichen Reihenfolge enthalten; die Existenz und auch der Wert des Inversen eines jeden Elementes ist deutlich abzulesen, da genau eine Eintragung in jeder Zeile und Spalte den Wert 1 hat. Nur der Beweis des Assoziativgesetzes ist etwas schwieriger. Für alle möglichen Werte von x, y und z die Gleichung $x(yz) = (xy)z$ nachzuprüfen, wäre selbst für kleine Gruppen mühsam. In der obigen Tabelle gilt tatsächlich das Assoziativgesetz, zum Beispiel ist

$$(ac)d = ed = b, \quad a(cd) = a^2 = b,$$

jedoch wird seine allgemeine Gültigkeit am besten durch ein indirektes Argument gezeigt, welches wir hier erklären wollen.

Eine quadratische Tabelle, in welcher jede Zeile und Spalte aus denselben Elementen in beliebiger Reihenfolge besteht, wird manchmal *lateinisches Quadrat* genannt. Also ist die Multiplikationstabelle einer endlichen Gruppe immer ein lateinisches Quadrat, jedoch ist dies umgekehrt nicht immer wahr, weil das Assoziativgesetz verletzt sein könnte. Zum Beispiel kann das 5×5 lateinische Quadrat

	1	a	b	c	d
1	1	a	b	c	d
a	a	1	d	b	c
b	b	c	1	d	a
c	c	d	a	1	b
d	d	b	c	a	1

nicht als Multiplikationstabelle einer Gruppe interpretiert werden, da $(ab)c = dc = a$, dagegen $a(bc) = ad = c$ ist, im Widerspruch zum Assoziativgesetz.

Man kann leicht zeigen, daß die Menge der sechs Matrizen

$$\Gamma: \begin{cases} I = \begin{bmatrix} 1 & 0 \\ 0 & 1 \end{bmatrix}, & A = \begin{bmatrix} -1 & -1 \\ 1 & 0 \end{bmatrix}, & B = \begin{bmatrix} 0 & 1 \\ -1 & -1 \end{bmatrix} \\[2ex] C = \begin{bmatrix} 0 & 1 \\ 1 & 0 \end{bmatrix}, & D = \begin{bmatrix} 1 & 0 \\ -1 & -1 \end{bmatrix}, & E = \begin{bmatrix} -1 & -1 \\ 0 & 1 \end{bmatrix} \end{cases} \tag{1.30}$$

unter der Matrizenmultiplikation abgeschlossen ist; zum Beispiel gilt:

$$B = A^2, A^3 = C^2 = D^2 = E^2 = I, \quad AD = C, \quad AC = E \quad \text{usw.}$$

Zusätzlich wird man entdecken, daß die vollständige 6 mal 6 Multiplikationstabelle identisch mit (1.29) ist, wenn man 1 durch I ersetzt und große statt kleine Buchstaben geschrieben werden. Wenn also in (1.29) $xy = z$ gilt, dann erfüllen die entsprechenden Matrizen $XY = Z$ und umgekehrt entspricht jede multiplikative Beziehung in Γ einer entsprechenden Beziehung in G. Jedoch ist bekannt, daß die Matrizenmultiplikation assoziativ ist, es gilt $(XY)Z = X(YZ)$ für je drei beliebige Elemente aus Γ. Somit haben wir auch bewiesen, daß in G $(xy)z = x(yz)$ gilt. Wir haben daher die Gültigkeit des Assoziativgesetzes in G nachgewiesen. Man sagt im vorliegenden Fall, daß Γ eine *treue Darstellung* von G ist. Es handelt sich hier um eine Situation, wo der abstrakten Gruppentheorie dadurch geholfen wird, daß man auf konkretes mathematisches Wissen zurückgreift.

Man kann ohne weiteres sagen, daß die Gruppen G und Γ dieselbe Struktur besitzen. Es ist dies hier eine Illustration eines bedeutenden Begriffes, den wir nun dataillierter entwickeln werden. Es seien

$$G: \quad 1, a, b, c, \ldots \tag{1.31}$$

und

$$G': \quad 1', a', b', c', \ldots \tag{1.32}$$

zwei (endliche oder unendliche) Gruppen, deren Einselemente mit 1 beziehungsweise mit $1'$ bezeichnet werden. Wir wollen voraussetzen, daß eine eineindeutige Beziehung

$$\theta: \quad G \leftrightarrow G' \tag{1.33}$$

zwischen den Elementen von G und G' besteht, das heißt, jedem x aus G wird ein eindeutig bestimmtes Bild $x' = x\theta$ aus G' zugeordnet und jedes y' aus G' ist Bild eines eindeutig bestimmten y aus G, daß also $y' = y\theta$ gilt. Mit anderen Worten ausgedrückt heißt dies, daß die Elemente von G und G' derart gepaart werden, daß jedes Element von G und G' in genau einem Paar aufscheint. Zusätzlich sei noch vorausgesetzt, daß diese Beziehung die Eigenschaft hat, daß $xy = z$ genau dann gilt, wenn $x'y' = z'$ gilt; oder formaler:

$$(xy)\theta = (x\theta)(y\theta). \tag{1.34}$$

Wir sagen dann, daß die Gruppen G und G' *isomorph* sind (ein griechischer Ausdruck für „von der gleichen Form") und wir schreiben

$$G \cong G'. \tag{1.35}$$

Jede Relation zwischen den Elementen von G entspricht einer Relation zwischen den Elementen von G' und umgekehrt; wir gehen von einer Gruppe zur anderen einfach dadurch über, indem wir die Symbole der Gruppenelemente mit Strichen versehen oder diese weglassen. Die Gruppen unterscheiden sich lediglich in der Bezeichnung und vom abstrakten

Standpunkt müssen sie als identisch betrachtet werden, da sie ja dieselbe Multiplikationstabelle besitzen. Mathematisch gesehen können wir feststellen, daß die Bezeichnung Isomorphismus eine *Äquivalenzrelation* in der Menge aller Gruppen festlegt. Denn die üblichen Bedingungen dafür sind klarerweise erfüllt: (i) $G \cong G$ (Reflexivität), (ii) wenn $G \cong G'$ gilt, dann auch $G' \cong G$ (Symmetrie), (iii) wenn $G \cong G'$ und $G' \cong G''$ gilt, dann auch $G \cong G''$ (Transitivität). Einige Beispiele sollen diesen Sachverhalt klarer zum Ausdruck bringen.

Beispiel 1: Die folgenden Gruppen der Ordnung 4 sind isomorph (die Verknüpfungsregel für jede der Gruppen ist dabei in runden Klammern angeführt):

(1)   die Zahlen $1, i, -1, -i$ (gewöhnliche Multiplikation)

(2)   die Matrizen   (Matrizenmultiplikation)

$$\begin{bmatrix} 1 & 0 \\ 0 & 1 \end{bmatrix}, \begin{bmatrix} 0 & 1 \\ -1 & 0 \end{bmatrix}, \begin{bmatrix} -1 & 0 \\ 0 & -1 \end{bmatrix}, \begin{bmatrix} 0 & -1 \\ 1 & 0 \end{bmatrix}$$

(3)   die Reste $1, 2, 4, 3$ (mod 5)   (Multiplikation und Reduktion modulo 5).

Wenn in diesen Beispielen die Elemente mit 1, a, b, c neu benannt werden, dann erhalten wir als Multiplikationstabelle die Tabelle (iv) von Seite 10.

Natürlich müssen zwei isomorphe Gruppen dieselbe Anzahl von Elementen besitzen. Das Umgekehrte ist jedoch nicht wahr; denn die in den Tabellen (iii) und (iv) gegebenen Gruppen sind nicht isomorph, da in (iii) jedes Element der Gleichung $x^2 = 1$ genügt, in (iv) jedoch nicht. Also können Gruppen derselben Ordnung verschiedene Strukturen besitzen.

5. Zyklische Gruppen

Man betrachte die Menge

$$C: \quad 1\,(= x^0), x, x^{-1}, x^2, x^{-2}, \ldots, x^n, x^{-n}, \ldots \tag{1.36}$$

von verschiedenen Symbolen, für welche durch folgende Regel eine Verknüpfung definiert sei:

$$x^r x^s = x^{r+s}. \tag{1.37}$$

Mit dieser Verknüpfungsregel wird C zu einer abelschen Gruppe, welche die von x erzeugte *unendliche zyklische Gruppe* genannt wird. Diese Gruppe ist isomorph zur additiven Gruppe der ganzen Zahlen

$$Z: \quad 0, \pm 1, \pm 2, \ldots$$

in der die Verknüpfung von r und s mit $r + s$ definiert ist. Die Beziehung die den Isomorphismus herstellt, ist durch

$$x^r \theta = r$$

definiert, wobei jedoch (1.34) durch

$$(x^r x^s)\theta = x^r \theta + x^s \theta$$

ersetzt werden muß, da die Gruppe Z additiv ist. Also sind alle unendlichen zyklischen Gruppen isomorph.

Eine interessantere Situation ergibt sich, wenn man annimmt, daß das Symbol x für eine ganze Zahl m größer als eins die Gleichung

$$x^m = 1 \tag{1.38}$$

erfüllt. In diesem Fall bildet die Menge

$$C_m: \ 1, x, x^2, \ldots, x^{m-1} \tag{1.39}$$

von verschiedenen Symbolen eine abelsche Gruppe der Ordnung m mit der Verknüpfungsregel

$$x^r x^s = x^{r+s} \quad (r, s = 0, 1, \ldots, m-1),$$

wobei $r + s$ erforderlichenfalls zum kleinsten nichtnegativen Rest modulo m reduziert werden muß. Diese Gruppe heißt die von x erzeugte zyklische Gruppe der Ordnung m. Sie ist zur additiven Gruppe der Reste modulo m:

$$Z_m: \ 0, 1, 2, \ldots m-1,$$

die auf Seite 8, Beispiel (v) beschrieben wurde, isomorph. Daher sind wieder alle zyklischen Gruppen der Ordnung m isomorph. Eine andere Darstellung derselben Gruppe erhalten wir, wenn wir in (1.39) x durch die komplexe Zahl

$$\epsilon = \exp(2\pi i/m)$$

ersetzen. Die Multiplikation einer komplexen Zahl mit ϵ entspricht einer Drehung um $2\pi/m$ in der komplexen Zahlenebene. Wenn diese Operation m mal wiederholt wird, hat jeder Punkt einen vollen Zykel beschrieben. Dies erklärt den Namen zyklische Gruppe.

Es sei nun x ein Element einer Gruppe. Dann können zwei Fälle auftreten: entweder sind alle in (1.39) angeschriebenen Potenzen von x verschieden oder es gibt zwei ganze Zahlen k und l mit $k > l$, derart daß

$$x^k = x^l$$

und daher

$$x^{k-l} = 1.$$

Also existiert in diesem Fall eine positive Potenz von x, welche gleich dem Einselement ist. Es muß also auch eine Potenz mit kleinstem positiven Exponenten mit dieser Eigenschaft geben. Diese Bemerkung führt zur folgenden Definition.

Definition 4: Es sei x ein Element einer Gruppe. Wenn alle Potenzen von x untereinander verschieden sind, dann nennt man x von *unendlicher Ordnung*. Wenn nicht alle Potenzen von x verschieden sind, dann gibt es eine kleinste positive Zahl h, genannt die *Ordnung (Periode)* von x, mit der Eigenschaft

$$x^h = 1.$$

Selbstverständlich haben in einer endlichen Gruppe alle Elemente eine endliche Ordnung. Wenn x von der Ordnung h ist, dann ist $x^h = 1$, aber für $0 < k < h$ ist $x^k \neq 1$. Wenn außerdem $m = hq$ ist, gilt

$$x^m = (x^h)^q = 1.$$

Das Umgekehrte davon ist ebenfalls wahr:

Proposition 1: Wenn x von der Ordnung h ist, dann gilt $x^m = 1$ dann und nur dann, wenn m ein Vielfaches von h ist.

Beweis: Division mit Rest von m durch h ergibt

$$m = hq + r$$

mit $0 \leq r < h$. Also gilt

$$1 = x^m = (x^h)^q \, x^r = 1 \, x^r = x^r \, .$$

Nur für r = 0 ist dies kein Widerspruch zur Minimalitätseigenschaft von h. Daher ist

$$m = hq \, .$$

Die folgenden Behauptungen über die Eigenschaften der Ordnung eines Gruppenelementes können leicht bewiesen werden:

 (i) das Einselement ist das einzige Element mit der Ordnung 1.

 (ii) die Elemente x und x^{-1} haben dieselbe Ordnung.

 (iii) wenn $y = t^{-1} xt$ ist (mit einem beliebigen Element t), dann haben x und y dieselbe Ordnung.

Proposition 2: Sei x von der Ordnung h. Dann ist für eine positive ganze Zahl s, x^s von der Ordnung h/(h, s), wobei (h, s) den größten gemeinsamen Teiler von h und s bezeichnet.

Beweis: Es sei d = (h, s), dann haben wir

$$h = dh' , \quad s = ds' ,$$

mit $(h', s') = 1$ und wir müssen zeigen, daß x^s von der Ordnung h' ist. Nun gilt $(x^s)^{h'} = x^{s'dh'} = (x^{h'd})^{s'} = (x^h)^{s'} = 1$, da x die Ordnung h besitzt. Wir müssen noch zeigen, daß für jede Zahl t mit

$$(x^s)^t = 1 \tag{1.40}$$

$t \geq h'$ gilt. Es sei also (1.40) vorausgesetzt. Dann gilt nach Proposition 1: $h \mid st$, also $h'd \mid s'dt$ und daher $h' \mid s't$. Da jedoch h' und s' relativ prim sind, gilt $h' \mid t$ also $h' \leq t$.

6. Abbildungen von Mengen

Es sei Σ: $\xi, \eta, \zeta, \ldots$ eine endliche oder unendliche Menge von Objekten. Eine Abbildung

$$f: \Sigma \longrightarrow \Sigma$$

von Σ in sich selbst ist eine Regel, die jedem $\xi \in \Sigma$ ein eindeutig bestimmtes Element $\eta \in \Sigma$ zuordnet, welches das Bild von ξ unter f genannt wird. Wir bevorzugen die Notation $\eta = \xi f$ anstelle der Schreibweise $\eta = f(\xi)$, die mehr in der Analysis und Topologie verwendet wird. Zwei Abbildungen f und g sind genau dann gleich, wenn $\xi f = \xi g$ für alle $\xi \in \Sigma$ gilt. Die Zusammensetzung von f und g ist die Abbildung $f \circ g$, die durch

$$\xi(f \circ g) = (\xi f)g$$

definiert ist und bedeutet, daß man $f \circ g$ dadurch erhält, indem man g auf f folgen läßt.

Seien f, g und h drei Abbildungen von Σ in sich selbst. Wir werden zeigen, daß die so definierte Verknüpfung dieser Abbildungen immer das Assoziativgesetz erfüllt. Es sei ξ ein beliebiges Objekt aus Σ. Wir setzen

$$\xi f = \eta, \quad \eta g = \zeta, \quad \zeta f = \tau \,.$$

Dann ist

$$\xi[f \circ (g \circ h)] = (\xi f)(g \circ h) = \eta(g \circ h) = (\eta g)h = \zeta h = \tau$$

und

$$\xi[f \circ g) \circ h] = [\xi(f \circ g)]h = [(\xi f)g]h = (\eta g)h = \zeta h = \tau \,.$$

Da ξ beliebig aus Σ gewählt wurde, folgt

$$f \circ (g \circ h) = (f \circ g) \circ h \,. \tag{1.41}$$

Beispiel 1: Es sei Σ: $\xi, \eta, \zeta, \ldots$ ein n-dimensionaler Vektorraum. Wir können uns die Objekte von Σ als Zeilenvektoren vorstellen. Wenn A eine $n \times n$ Matrix ist, dann ist $f: \xi \longrightarrow \xi A$ eine Abbildung von Σ in sich. Wenn $g: \xi \longrightarrow \xi B$ eine andere solche Abbildung ist, dann ist die zusammengesetzte Abbildung durch $f \circ g: \xi \longrightarrow \xi AB$ gegeben; daher folgt nach der vorangehenden Schlußweise, daß die Matrizenmultiplikation assoziativ ist.

Um also zu beweisen, daß eine bestimmte Menge von Abbildungen eine Gruppe bildet, ist es nur mehr notwendig, die Gültigkeit der Axiome (I), (III) und (IV) von Seite 2 nachzuweisen. Wir sehen, daß f nur genau dann ein Inverses besitzt, wenn f Σ eineindeutig auf Σ abbildet, das heißt, daß jedes $\eta \in \Sigma$ das Bild von genau einem $\xi \in \Sigma$ ist. Die Beziehung $\xi f = \eta$ kann daher mit einem eindeutig gegebenen ξ gelöst werden und man schreibt $\eta = \xi f^{-1}$, wodurch die inverse Abbildung f^{-1} definiert ist.

Beispiel 2: Eine Menge von Abbildungen, die einen gegebenen geometrischen Körper in Koinzidenz mit sich selbst überführen, erfüllen (I), (III) und (IV) und bildet deshalb eine Gruppe.

Beispiel 3: Es sei z aus der erweiterten komplexen Zahlenebene, das heißt z kann den Wert jeder komplexen Zahl oder unendlich annehmen. Die sechs Abbildungen

$$\left. \begin{array}{lll} f_1: z \longrightarrow z \text{ (Einselement)}, & f_2: z \longrightarrow \dfrac{1}{1-z}, & f_3: z \longrightarrow \dfrac{z-1}{z} \\[3mm] f_4: z \longrightarrow \dfrac{1}{z}, & f_5: z \longrightarrow 1-z, & f_6: z \longrightarrow \dfrac{z}{z-1} \end{array} \right\} \tag{1.42}$$

führen die erweiterte Zahlenebene in sich selbst über und bilden daher mit der Hintereinanderausführung als Verknüpfung ein assoziatives System. Es ist dabei bemerkenswert, daß dieses System abgeschlossen ist.

Zum Beispiel ist

$$z(f_2 \circ f_3) = (zf_2)f_3 = \frac{1}{1-z}\,f_3 = \frac{(1-z)^{-1}-1}{(1-z)^{-1}} = z = zf_1 \,,$$

so daß $f_2 \circ f_3 = f_1$ gilt und daher $f_3 = f_2^{-1}$.

$$z(f_4 \circ f_3) = (zf_4)f_3 = \frac{1}{z}\,f_3 = \frac{z^{-1}-1}{z^{-1}} = 1 - z = zf_5 \,,$$

also $f_4 \circ f_3 = f_5$ und so weiter. Die vollständige Multiplikationstabelle lautet:

(vi)

	f_1	f_2	f_3	f_4	f_5	f_6
f_1	f_1	f_2	f_3	f_4	f_5	f_6
f_2	f_2	f_3	f_1	f_5	f_6	f_4
f_3	f_3	f_1	f_2	f_6	f_4	f_5
f_4	f_4	f_6	f_5	f_1	f_3	f_2
f_5	f_5	f_4	f_6	f_2	f_1	f_3
f_6	f_6	f_5	f_4	f_3	f_2	f_1

Wenn wir $1, a, b, c, d, e$ anstelle von $f_1, f_2, f_3, f_4, f_5, f_6$ schreiben, sehen wir, daß die Tabelle (vi) identisch ist mit der Tabelle (v) auf Seite 11. Damit haben wir eine andere treue Darstellung dieser abstrakten Gruppe entdeckt.

7. Permutationen

Von besonderer Bedeutung sind die Abbildungen, die auf einer endlichen Menge Σ definiert sind. Der Einfachheit halber bezeichnet man oft die Objekte von Σ mit den ganzen Zahlen $1, 2, \ldots, n$. Eine Abbildung von Σ auf sich selbst (also eineindeutig auf) heißt eine Permutation vom *Grad* n. Man beschreibt sie ausführlich durch das Symbol

$$\pi = \begin{pmatrix} 1 & 2 \ldots & j \ldots & n \\ a_1 & a_2 \ldots & a_j \ldots & a_n \end{pmatrix} , \tag{1.43}$$

wobei $a_j = j\pi$ das Bild von j unter π ist. Es ist also die zweite Reihe in (1.43) eine Neuanordnung der Zahlen $1, 2, \ldots, n$. Aus der elementaren Algebra wissen wir, daß es n! solche Anordnungen gibt. Daher gibt es n! Permutationen vom Grad n. Die vollständige Menge dieser Permutationen wird mit S_n bezeichnet.

Wir beobachten, daß die in (1.43) enthaltenen Informationen auf verschiedene gleichwertige Weisen dargestellt werden können. Wir können nämlich die Spalten in diesem Symbol nach Belieben umordnen. Zum Beispiel bezeichnen die Symbole

$$\begin{pmatrix} 1 & 2 & 3 & 4 \\ 2 & 3 & 1 & 4 \end{pmatrix} = \begin{pmatrix} 2 & 1 & 4 & 3 \\ 3 & 2 & 4 & 1 \end{pmatrix} = \begin{pmatrix} 4 & 2 & 1 & 3 \\ 4 & 3 & 2 & 1 \end{pmatrix} = \ldots$$

alle dieselbe Permutation. Das erste von diesen, in dessen oberer Zeile die Zahlen in ihrer natürlichen Reihenfolge stehen, heißt die *Standardform*. Offensichtlich erlaubt jede Permutation n! verschiedene gleichwertige Darstellungen, da ja die obere Zeile beliebig gewählt werden kann, während man dann anschließend die entsprechende Information darunter schreibt.

Es sei

$$\rho = \begin{pmatrix} 1 & 2 \dots n \\ b_1 & b_2 \dots b_n \end{pmatrix} = \begin{pmatrix} a_1 & a_2 \dots a_n \\ c_1 & c_2 \dots c_n \end{pmatrix} \qquad (1.44)$$

eine andere Permutation, wobei $b_j = j\rho$ und $c_j = a_j\rho$ ist. Die Verknüpfung von Permutationen erfolgt nach der Verknüpfungsregel für Abbildungen. Der Einfachheit schreiben wir für das Produkt lieber $\pi\rho$ statt $\pi \circ \rho$. Damit ist $\pi\rho$ diejenige Permutation, die man erhält, wenn man zuerst π und dann ρ wirken läßt. Einige Autoren verwenden auch die umgekehrte Schreibweise, die dann passender ist, wenn man das Bild von j unter π mit $\pi(j)$ und nicht wie wir dies hier tun mit $j\pi$ bezeichnet. Wenn ρ für die Linksmultiplikation mit π „vorbereitet" wurde, wie dies aus (1.44) ersichtlich ist, kann das Produkt sofort mit

$$\pi\rho = \begin{pmatrix} 1 & 2 \dots n \\ c_1 & c_2 \dots c_n \end{pmatrix} \ ,$$

hingeschrieben werden, weil für jedes j ($j = 1, 2, \dots, n$), $j\pi = a_j$ und $a_j\rho = c_j$ gilt und somit $j\pi\rho = (j\pi)\rho = a_j\rho = c_j$.

Wenn wir zum Beispiel haben

$$\pi = \begin{pmatrix} 1 & 2 & 3 & 4 \\ 2 & 3 & 4 & 1 \end{pmatrix}, \qquad \rho = \begin{pmatrix} 1 & 2 & 3 & 4 \\ 3 & 1 & 2 & 4 \end{pmatrix},$$

berechnen wir

$$\pi\rho = \begin{pmatrix} 1 & 2 & 3 & 4 \\ 2 & 3 & 4 & 1 \end{pmatrix} \begin{pmatrix} 2 & 3 & 4 & 1 \\ 1 & 2 & 4 & 3 \end{pmatrix} = \begin{pmatrix} 1 & 2 & 3 & 4 \\ 1 & 2 & 4 & 3 \end{pmatrix},$$

nachdem ρ passend umgeordnet wurde. Ebenso finden wir

$$\rho\pi = \begin{pmatrix} 1 & 2 & 3 & 4 \\ 3 & 1 & 2 & 4 \end{pmatrix} \begin{pmatrix} 3 & 1 & 2 & 4 \\ 4 & 2 & 3 & 1 \end{pmatrix} = \begin{pmatrix} 1 & 2 & 3 & 4 \\ 4 & 2 & 3 & 1 \end{pmatrix},$$

was zeigt, daß die Multiplikation von Permutationen im allgemeinen nicht kommutativ ist.[*)]

Die Permutation

$$\iota = \begin{pmatrix} 1 & 2 \dots n \\ 1 & 2 \dots n \end{pmatrix} = \dots = \begin{pmatrix} a_1 & a_2 \dots a_n \\ a_1 & a_2 \dots a_n \end{pmatrix}$$

welche alle Objekte fest läßt, erfüllt klarerweise die Beziehungen $\iota\pi = \pi\iota = \pi$ und ist daher das Einselement. Das Inverse von π ist durch das Symbol

$$\pi^{-1} = \begin{pmatrix} a_1 & a_2 \dots a_n \\ 1 & 2 \dots n \end{pmatrix}$$

in Nicht-Standardform gegeben; denn man kann leicht nachprüfen, daß

$$\pi\pi^{-1} = \pi^{-1}\pi = 1$$

gilt.

---

*) Wenn die umgekehrte Schreibweise für die Multiplikation verwendet wird, müssen die Produkte $\pi\rho$ und $\rho\pi$ miteinander vertauscht werden.

Zum Beispiel ist

$$\begin{pmatrix} 1 & 2 & 3 & 4 \\ 2 & 3 & 4 & 1 \end{pmatrix}^{-1} = \begin{pmatrix} 2 & 3 & 4 & 1 \\ 1 & 2 & 3 & 4 \end{pmatrix} = \begin{pmatrix} 1 & 2 & 3 & 4 \\ 4 & 1 & 2 & 3 \end{pmatrix} .$$

Das Assoziativgesetz muß man nicht nachprüfen, da dies wegen der allgemeinen Eigenschaften von Abbildungen erfüllt ist. Wir haben deshalb das folgende Theorem bewiesen.

Theorem 1: Die Menge S_n aller Permutationen von n Objekten bildet eine Gruppe von der Ordnung n! und wird die *Symmetrische Gruppe* vom Grad n genannt, wobei als Verknüpfungsregel die der Abbildungen von Mengen auf sich selbst vorgeschrieben wird.

Mit ein bißchen Übung wird es dem Leser leicht möglich sein, das Produkt von zwei oder mehreren Permutationen auszurechnen, ohne dabei jedesmal die Zwischenschritte der Vorbereitungen anschreiben zu müssen. Zum Beispiel sei

$$\alpha = \begin{pmatrix} 1 & 2 & 3 & 4 \\ 2 & 3 & 1 & 4 \end{pmatrix} , \quad \beta = \begin{pmatrix} 1 & 2 & 3 & 4 \\ 4 & 1 & 2 & 3 \end{pmatrix} , \quad \gamma = \begin{pmatrix} 1 & 2 & 3 & 4 \\ 4 & 3 & 2 & 1 \end{pmatrix} .$$

Um das Produkt $\alpha\beta\gamma$ auszurechnen, sehen wir nacheinander nach, wie sich jedes Objekt ändert, wenn man die Operationen α, β und γ in der Folge wirken läßt.
Dies ergibt

$$1 \to 2 \to 1 \to 4$$
$$2 \to 3 \to 2 \to 3$$
$$3 \to 1 \to 4 \to 1$$
$$4 \to 4 \to 3 \to 2 ,$$

wobei in jeder Zeile die Pfeile von links nach rechts gelesen die Aktionen von α, β und γ (in dieser Reihenfolge) angeben.
Somit ist

$$\alpha\beta\gamma = \begin{pmatrix} 1 & 2 & 3 & 4 \\ 4 & 3 & 1 & 2 \end{pmatrix} .$$

Als eine weitere Illustration schreiben wir hier die sechs Permutationen der S_3 an:

$$\iota = \begin{pmatrix} 1 & 2 & 3 \\ 1 & 2 & 3 \end{pmatrix} , \quad \alpha = \begin{pmatrix} 1 & 2 & 3 \\ 2 & 3 & 1 \end{pmatrix} , \quad \beta = \begin{pmatrix} 1 & 2 & 3 \\ 3 & 1 & 2 \end{pmatrix}$$
$$\gamma = \begin{pmatrix} 1 & 2 & 3 \\ 2 & 1 & 3 \end{pmatrix} , \quad \delta = \begin{pmatrix} 1 & 2 & 3 \\ 3 & 2 & 1 \end{pmatrix} , \quad \epsilon = \begin{pmatrix} 1 & 2 & 3 \\ 1 & 3 & 2 \end{pmatrix} \tag{1.45}$$

Um die Gruppenstruktur nachzuprüfen, stellen wir fest, daß die S_3 zu der in Tabelle (v) auf Seite 11 gegebenen abstrakten Gruppe isomorph ist. Der Isomorphismus wird dadurch bewerkstelligt, daß man 1 mit ι und die lateinischen mit den entsprechenden griechischen Buchstaben gleichsetzt. Zum Beispiel finden wir durch die Verknüpfungsregel für Permutationen

$$\alpha\gamma = \epsilon, \quad \beta\gamma = \delta ,$$

was den Relationen

$$ac = e, \quad bc = d$$

in Tabelle (v) entspricht. Somit haben wir noch eine andere Darstellung dieser abstrakten Gruppe.

Es sei nun vorausgesetzt, daß die Menge Σ in zwei zueinander disjunkte Mengen geteilt sei, etwa

$$\Sigma_1 = \{1, 2, \ldots, m\}, \qquad \Sigma_2 = \{m+1, m+2, \ldots, n\}$$

und daß π und ρ Permutationen von Σ sind, derart daß π nur auf Σ_1 wirkt, jedoch jedes Objekt von Σ_2 fest läßt, während ρ auf Σ_2 wirkt und die Objekte von Σ_1 festläßt. Dann ist es klar, daß $\pi\rho = \rho\pi$ gilt, da ja die Aktionen von π und ρ sich nicht gegenseitig beeinflussen. Somit halten wir fest, daß Permutationen, welche auf sich gegenseitig ausschließenden Mengen von Objekten wirken, miteinander kommutieren.

Eine Permutation die m Objekte zyklisch vertauscht, heißt ein *Zyklus vom Grad* *) m. Wenn man die Objekte mit $1, 2, \ldots, m$ bezeichnet, ist diese Permutation durch das Symbol

$$\gamma = \begin{pmatrix} 1 & 2 & \ldots & m-1 & m \\ 2 & 3 & \ldots & m & 1 \end{pmatrix} \tag{1.46}$$

gegeben. Wenn wir uns die m Objekte veranschaulicht an m Stellen auf dem Rand eines Kreises vorstellen, dann bewegt γ jedes Objekt zur nächsten Stelle, so daß insbesondere das letzte Objekt die Stelle des ersten einnehmen wird. Es ist üblich, Zyklen in der verkürzten Schreibweise

$$\gamma = (1 \quad 2 \quad \ldots \quad m)$$

anzuschreiben, was als äquivalent zu (1.46) zu betrachten ist. Somit ist

$$i\gamma = i + 1 \quad (i = 1, 2, \ldots, m-1), \qquad m\gamma = 1 \,. \tag{1.47}$$

Da es unwesentlich ist, mit welchem Objekt die Operation beginnt, können wir γ durch jede der folgenden äquivalenten Formen ausdrücken

$$(1 \quad 2 \quad \ldots \quad m) = (2 \quad 3 \quad \ldots \quad m \quad 1) = \ldots = (m \quad 1 \quad \ldots m-1) \,.$$

Die Wirkung von γ kann durch die Gleichungen (1.47) oder kürzer durch

$$j\gamma = j + 1 \pmod{m} \tag{1.47$'$}$$

ausgedrückt werden, mit der Vereinbarung, daß die rechte Seite von (1.47)$'$ auf den kleinsten positiven Rest modulo m reduziert werden muß. Analog ist die r-te Potenz von β durch

$$j\gamma^r = j + r \pmod{m} \tag{1.48}$$

dargestellt.

Es ist daher einsichtig, daß $\gamma^m = \iota$, dagegen für $0 < r < m$ $\gamma^r \neq \iota$ ist. Daraus erkennen wir, daß ein Zyklus vom Grad m die Ordnung m besitzt.

In Zukunft werden wir vereinbaren, daß ein Objekt, das unter der Permutation π fest bleibt, nicht extra im Symbol für π erwähnt werden muß. Wenn zum Beispiel $n = 3$

---

*) Man sagt auch oft: Zyklus von der *Länge* m (Anm. d. Übers.)

ist, schreiben wir

$$(1 \ \ 2 \ \ 3) = \begin{pmatrix} 1 & 2 & 3 \\ 2 & 3 & 1 \end{pmatrix}$$

und für $n = 5$

$$(1 \ \ 2 \ \ 3) = \begin{pmatrix} 1 & 2 & 3 & 4 & 5 \\ 2 & 3 & 1 & 4 & 5 \end{pmatrix}$$

Streng gesprochen, bezeichnet hier das Symbol $(1 \ \ 2 \ \ 3)$ Permutationen von verschiedenem Grad, jedoch ist es im allgemeinen aus dem Kontext klar, wie viele Objekte durch die Permutation berührt werden und daher auch, welche davon festbleiben.

Oft ist es bequem, eine Permutation als Produkt von Zyklen, die auf elementfremden Mengen operieren, darzustellen. Wenn etwa $n = 7$ ist, dann bezeichnet

$$\pi = (1 \ \ 2) \, (4 \ \ 6 \ \ 7)$$

die Permutation

$$\pi = \begin{pmatrix} 1 & 2 & 3 & 4 & 5 & 6 & 7 \\ 2 & 1 & 3 & 6 & 5 & 7 & 4 \end{pmatrix}.$$

Jede beliebige Permutation kann so in elementfremde Zyklen aufgelöst werden. Um dies zu sehen, führen wir den Begriff des *Orbits* unter π ein. Wir wählen ein Objekt p aus und untersuchen, was mit p unter der wiederholten Anwendung von π geschieht; die Menge

$$p, p\pi, p\pi^2, \dots \tag{1.49}$$

nennt man den Orbit von p. Da die Objekte in (1.49) nicht alle verschieden sein können, muß es zwei nichtnegative ganze Zahlen r und s mit $s > r$ und $p\pi^s = p\pi^r$ geben. Damit ist $p\pi^{s-r} = p$. Es folgt daraus, daß es auch eine kleinste positive Zahl h gibt, mit

$$p\pi^h = p. \tag{1.50}$$

Es ist nun klar, daß π den Zyklus

$$(p, p\pi, \dots, p\pi^{h-1}) \tag{1.51}$$

von der Ordnung h enthält. Wenn q ein nicht in (1.51) enthaltenes Objekt ist, dann sei k die kleinste positive Zahl mit $q\pi^k = q$. Damit erzeugt q den Zyklus

$$(q, q\pi, q\pi^2, \dots, q\pi^{k-1}). \tag{1.52}$$

Es ist dabei wichtig zu bemerken, daß die Zyklen (1.51) und (1.52) keine gemeinsamen Elemente besitzen. Denn vorausgesetzt es gelte

$$p\pi^a = q\pi^b$$

und daher

$$q = p\pi^{a-b}.$$

Wenn man $a - b$ durch h dividiert, erhält man

$$a - b = th + r,$$

mit $0 \leqslant r < h$. Damit würde aber im Widerspruch zu unserer Annahme folgen

$$q = p\pi^r.$$

Wenn es noch ein Objekt gibt, das weder in (1.51) noch in (1.52) enthalten ist, so erzeugt dieses einen weiteren Zyklus, dessen Objekte zu den vorangehenden elementfremd sind und wir können so mit der Konstruktion von Zyklen fortfahren, bis alle Objekte aufgezählt wurden. Ein Objekt, das unter π festbleibt, erzeugt einen Zyklus der Länge eins, und dieser kann entsprechend unserer Konvention weggelassen werden. Anders ausgedrückt, können wir auch sagen, daß wir zwischen den Objekten von Σ eine Äquivalenzrelation aufgestellt haben, indem wir zwei Elemente äquivalent nennen, wenn sie zum selben Orbit und somit auch zum selben Zyklus gehören. Wie der Leser wissen wird, ergibt eine Äquivalenzrelation auf Σ immer eine Aufteilung von Σ in elementfremde Äquivalenzklassen, die in unserem Fall den zyklischen Faktoren von π entsprechen. Wir haben daher das folgende Theorem bewiesen.

Theorem 2: Jede Permutation kann in ein Produkt von elementfremden Zyklen aufgelöst werden. Die Zyklen kommutieren gegenseitig und die Zerlegung ist bis auf die Reihenfolge der zyklischen Faktoren eindeutig bestimmt.

Beispiel: Es sei

$$\pi = \begin{pmatrix} 1 & 2 & 3 & 4 & 5 & 6 & 7 & 8 \\ 4 & 5 & 6 & 1 & 7 & 8 & 2 & 3 \end{pmatrix}.$$

Wenn wir mit dem Objekt 1 beginnen, finden wir als Orbit 1, 4. Also enthält π den Zyklus (1 4). Wenn wir mit einem anderen nicht im Zyklus (1 4) enthaltenen Objekt, etwa 2 fortsetzen, erhalten wir als Orbit 2, 5, 7, was den Zyklus (2 5 7) ergibt. Schließlich gibt es noch den Orbit 3, 6, 8, was den Zyklus (3 6 8) liefert. Da nicht mehr weitere Objekte aufzuzählen sind, haben wir gezeigt:

$$\pi = (1 \ \ 4)(2 \ \ 5 \ \ 7)(3 \ \ 6 \ \ 8).$$

Übungen

1. Beweise, daß die folgenden Zahlenmengen unter der gewöhnlichen Multiplikation jeweils eine unendliche abelsche Gruppe bilden:

   a) $\{2^k\}(k = 0, \pm 1, \pm 2, \ldots)$ b) $\left\{\dfrac{1 + 2m}{1 + 2n}\right\}$ $(m, n = 0, \pm 1, \pm 2, \ldots)$ c) $\{\cos\theta + i\sin\theta\}$, wobei θ alle rationalen Zahlen durchläuft.

2. Warum bilden die positiven rationalen Zahlen keine Gruppe, wenn man als Verknüpfungsregel für a und b die Division a/b nimmt?

3. Es sei a die Abbildung $x \to \alpha x + \beta$, wobei α und β gegebene komplexe Zahlen mit $\alpha \neq 1$ sind. Berechne eine Formel für a^n, wobei n eine positive ganze Zahl ist und zeige, daß a dann und nur dann von endlicher Ordnung ist, wenn α eine Einheitswurzel ist.

In den Beispielen 4 bis 8 wird angenommen, daß die angeschriebenen Elemente in einer Gruppe liegen, so daß also die Gültigkeit des Assoziativgesetzes als garantiert gilt.

4. Zeige, wenn jedes der Elemente a, b und ab von der Ordnung zwei ist, dann kommutieren a und b.

5. Beweise, daß die Elemente ab und ba dieselbe Ordnung haben.

6. Wenn $ba = a^m b^n$ ist, dann beweise, daß die Elemente $a^m b^{n-2}$, $a^{m-2} b^n$ und ab^{-1} dieselbe Ordnung haben.

7. Wenn $b^{-1}ab = a^k$ ist, beweise daß $b^{-r}a^s b^r = a^{sk^r}$.

8. Es sei x ein Element der Ordnung mn mit $(m, n) = 1$. Beweise, daß x in der Form $x = yz$ ausgedrückt werden kann, wobei y und z kommutieren und von der Ordnung m beziehungsweise n sind.

9. Beweise, daß eine Gruppe von geradzahliger Ordnung eine ungerade Anzahl von Elementen der Ordnung 2 enthält.

10. Berechne die Ordnung jedes Gruppenelementes der multiplikativen Gruppe der Restklassen 1, 2, 3, 4, 5, 6 modulo 7. Zeige, daß dies eine zyklische Gruppe der Ordnung 6 ist.

11. Zeige, daß die Matrizen

$$\begin{bmatrix} 1 & 0 \\ 0 & 1 \end{bmatrix}, \quad \begin{bmatrix} \omega & 0 \\ 0 & \omega^2 \end{bmatrix}, \quad \begin{bmatrix} \omega^2 & 0 \\ 0 & \omega \end{bmatrix}, \quad \begin{bmatrix} 0 & 1 \\ 1 & 0 \end{bmatrix}, \quad \begin{bmatrix} 0 & \omega^2 \\ \omega & 0 \end{bmatrix}, \quad \begin{bmatrix} 0 & \omega \\ \omega^2 & 0 \end{bmatrix},$$

mit $\omega^3 = 1$, $\omega \neq 1$, bezüglich der Matrizenmultiplikation eine Gruppe der Ordnung 6 bilden. Beweise, daß diese Gruppe mit jener von Tabelle (v) auf Seite 11 isomorph ist.

12. Zeige, daß die Abbildungen

$$f_1 : z \longrightarrow z, \quad f_2 : z \longrightarrow -z, \quad f_3 : z \longrightarrow \frac{1}{z}, \quad f_4 : z \longrightarrow -\frac{1}{z}$$

der erweiterten Zahlenebene auf sich selbst eine, zu der in der Tabelle (iii), Seite 10 gegebenen Gruppe isomorphe Gruppe bilden.

13. Löse   (i) $\begin{pmatrix} 1 & 2 & 3 & 4 & 5 & 6 & 7 & 8 & 9 \\ 4 & 6 & 9 & 7 & 2 & 5 & 8 & 1 & 3 \end{pmatrix}$ und   (ii) $\begin{pmatrix} a & b & c & d & e & f \\ c & e & d & f & b & a \end{pmatrix}$

in elementfremde Zyklen auf. Berechne die Ordnungen dieser zwei gegebenen Permutationen.

14. Schreibe die folgenden Ausdrücke in elementfremden Zyklen an

   (i) $(abc \ldots k)(al)$;

   (ii) $(a_1 a_2 \ldots a_r x y b_1 b_2 \ldots b_s)(a_r a_{r-1} \ldots a_1 x y c_1 c_2 \ldots c_t)$;

   (iii) $(a_1 a_2 \ldots a_r x y z b_1 b_2 \ldots b_s)(a_r a_{r-1} \ldots a_1 x y z c_1 c_2 \ldots c_t)$.

15. Zeige, daß die Permutationen

$\iota = (1)$ (= Einselement), $(12)(34)$, $(13)(24)$, $(14)(23)$

eine abelsche Gruppe der Ordnung 4 bilden, die zu der in Tabelle (iii), Seite 10 gegebenen Gruppe isomorph ist.

16. Zeige, daß die Menge der Matrizen

$$A(v) = \left(1 - \frac{v^2}{c^2}\right)^{-\frac{1}{2}} \begin{bmatrix} 1 & -v \\ -v/c^2 & 1 \end{bmatrix},$$

wobei c eine positive Konstante ist und v das Intervall $-c < v < c$ durchläuft, eine Gruppe bezüglich der Verknüpfung

$$A(v_1) A(v_2) = A(v_3),$$

$$v_3 = \frac{v_1 + v_2}{1 + \dfrac{v_1 + v_2}{c^2}} \qquad \text{(Lorentz-Gruppe)}$$

bildet.

II.   Untergruppen

8. Teilmengen (Untermengen)

Da eine Gruppe G eine Menge von Elementen ist, können die üblichen Definitionen und Bezeichnungen aus der Mengenlehre auf G angewendet werden. Wenn also $A, B, C, \ldots$ Teilmengen von G sind, schreiben wir $A \subset B$, um auszudrücken, daß jedes Element von A auch ein Element von B ist, wobei die Gleichheit von A und B eingeschlossen sei. Die Vereinigung $A \cup B$ ist die Menge der Elemente, die entweder zu A oder zu B oder zu beiden gehören. Der Durchschnitt $A \cap B$ besteht aus den Elementen, die sowohl in A als auch in B liegen; falls kein solches Element existiert, schreiben wir $A \cap B = \emptyset$ (die leere Menge). Das Zeichen $a \in A$ bedeutet, daß a in A liegt. Manchmal verwenden wir die (etwas unlogische) Bezeichnung, indem wir das Element a mit der Menge, die nur das Element a enthält identifizieren. Wenn $a_1, a_2, a_3, \ldots$ die Elemente von A sind, dann schreiben wir daher

$$A = a_1 \cup a_2 \cup a_3 \cup \ldots .$$

Nun versieht die auf G definierte Multiplikation auch die Teilmengen mit einer weiteren Struktur. Wenn zwei Teilmengen A und B gegeben sind, dann definieren wir

$$AB \tag{2.1}$$

als die Menge der Elemente, welche in der Form ab ausgedrückt werden können, wobei $a \in A$ und $b \in B$ sind. Diese Produkte brauchen nicht alle verschieden zu sein, denn es kann vorkommen, daß $a_1 \neq a_2$, $b_1 \neq b_2$ gilt, dagegen $a_1 b_1 = a_2 b_2$. Es sollte jedoch betont werden, daß AB hauptsächlich als Menge betrachtet wird und somit Wiederholungen von Elementen nicht beachtet werden. Wie üblich sind zwei Untermengen genau dann gleich, wenn sie dieselben verschiedenen Elemente unabhängig von Wiederholungen und Reihenfolge enthalten. Im folgenden wird die Gleichheit von Teilmengen immer in diesem Sinne verstanden. Natürlich ist im allgemeinen

$$AB \neq BA .$$

Jedoch selbst wenn $AB = BA$ ist, bedeutet dies nicht, daß jedes Element von A mit jedem Element von B kommutiert. Wir können davon nur ableiten, daß für jedes $a \in A$ und $b \in B$ Elemente $a' \in A$ und $b' \in B$ existieren, mit $ab = b'a'$.

Man kann leicht nachprüfen, daß die Multiplikation von Teilmengen assoziativ ist, daß also

$$(AB)C = A(BC) \tag{2.2}$$

gilt und somit jede Seite von (2.2) mit ABC bezeichnet werden kann. Indem wir eine naheliegende Abkürzung verwenden, schreiben wir

$$A^2 = AA, \quad A^3 = AAA, \ldots .$$

Also ist A^2 die Menge der Elemente, die in der Form $a_1 a_2$ ausgedrückt werden können, wobei a_1 und a_2 ganz A durchlaufen.

Die folgenden Regeln sind leicht zu bestätigen:

$$(A \cup B)C = AC \cup BC,$$
$$C(A \cup B) = CA \cup CB,$$
$$(A \cap B)C = AC \cap BC,$$
$$C(A \cap B) = CA \cap CB.$$

Wir betrachten noch die speziellen Fälle, in denen einige der Mengen nur aus einem einzigen Element bestehen. Wenn also x und y Elemente aus G sind, so ist Ax die Menge aller Elemente der Form ax, und yAx besteht aus allen Elementen yax, wobei a ganz A durchläuft. Wir beobachten, daß gilt

$$x^{-1}(A_1 \cap A_2 \cap \ldots \cap A_r)x = x^{-1}A_1 x \cap x^{-1}A_2 x \cap \ldots \cap x^{-1}A_r x. \qquad (2.3)$$

Wenn G eine additive abelsche Gruppe ist, schreiben wir die Verknüpfung von zwei Teilmengen A und B in der Form

$$A + B.$$

Dies ist die Menge aller Elemente der Form $a + b$, mit $a \in A$ und $b \in B$. Im speziellen besteht die Teilmenge

$$A + A$$

(welche wir nicht mit $2A$ abkürzen wollen, siehe Seite 6) aus allen Elementen $a + a'$, wobei a und a' zu A gehören. Wenn x ein festes Element aus G ist, besteht die Teilmenge

$$A + x$$

aus den Elementen $a + x$ $(a \in A)$ und wir verwenden die Notation $A - x$ für $A + (-x)$.

Im allgemeinen ist die Kürzungsregel bei der Multiplikation von Teilmengen nicht anwendbar, das heißt, aus $AC = BC$ können wir nicht $A = C$ schließen. Jedoch hat $Ax = Bx$ die Gleichheit $A = B$ zur Folge und $Ax = C$ ist äquivalent zu $A = Cx^{-1}$. Gleiche Ergebnisse gelten auch für die Linksmultiplikation einer Menge durch ein einziges Element. Eine wichtige Situation, die wir im nächsten Kapitel antreffen werden, tritt auf, wenn

$$Ax = xA \quad \text{oder} \quad x^{-1}Ax = A \qquad (2.4)$$

gilt. Das bedeutet, daß für jedes $a \in A$ ein Element $a' \in A$ mit $ax = xa'$ existiert.

Die *Mächtigkeit (Kardinalzahl)* von A ist die (endliche oder unendliche) Anzahl der verschiedenen Elemente; sie wird häufig mit $|A|$ bezeichnet.

9. Untergruppen

Wir sind insbesondere an solchen Untermengen von G interessiert, die selbst wieder die Gruppenpostulate erfüllen; solche Teilmengen heißen Untergruppen. H ist eine Untergruppe von G, wenn folgende Bedingungen erfüllt sind:

1. wenn $u \in H$ und $v \in H$ gilt, dann auch $uv \in H$ (Abgeschlossenheit);
2. $1 \in H$, wobei 1 das Einselement von G ist (Einselement);
3. aus $u \in H$ folgt $u^{-1} \in H$ (Inverses).

Wir haben das Assoziativgesetz nicht angeführt, da ja seine Gültigkeit auf ganz G garantiert ist.

Wenn H eine Untergruppe von G ist, schreiben wir

$$H \leqq G$$

anstatt $H \subset G$. Das Symbol $\leqq$ wird nur dann verwendet, wenn die Untermengen auch Gruppen sind. Strenge Inklusion wird mit $<$ bezeichnet. Wenn H eine Untergruppe ist und s eines seiner Elemente, dann hat die Eigenschaft der Abgeschlossenheit zur Folge, daß $Hs \subset H$ gilt. Auf der anderen Seite kann jedes Element u von H in der Form $u = (us^{-1})s$ geschrieben werden. Weil aber $us^{-1} \in H$ ist, zeigt dies daß $H \subset Hs$ gilt. Somit erhält man

$$Hs = H \tag{2.5}$$

und auf gleiche Weise

$$sH = H. \tag{2.5}'$$

Es sei umgekehrt vorausgesetzt, daß $s \in G$ die Gleichung (2.5) erfüllt, dann gilt im speziellen

$$s = 1s \in H,$$

so daß (2.5) oder (2.5)$'$ eine notwendige und hinreichende Bedingung dafür ist, daß ein Element aus G zur Untergruppe H gehört.

Wie der Leser nachprüfen kann, können diese Bemerkungen leicht verallgemeinert werden. Somit können wir folgendes Ergebnis behaupten.

Proposition 3: Die Teilmenge S von G ist dann und nur dann in der Untergruppe H enthalten, wenn gilt:

$$HS = SH = H.$$

Wenn insbesondere $S = H$ ist, folgern wir

$$H^2 = H. \tag{2.6}$$

Für eine endliche Teilmenge H folgt aus der Relation (2.6) interessanterweise, daß H eine Gruppe ist.

Proposition 4: Es sei H eine endliche Teilmenge von G, dann ist H genau dann eine Untergruppe, wenn $H^2 = H$ gilt.

Beweis: Man muß nur zeigen, daß aus (2.6) und der Endlichkeit von H folgt, daß H eine Gruppe ist. Es seien die Elemente von H wie folgt aufgezählt:

$$H: u_1, u_2, \ldots, u_h \tag{2.7}$$

und es sei u eines dieser Elemente. Dann gehören die h Elemente

$$Hu: u_1u, u_2u, \ldots, u_hu \tag{2.8}$$

alle zu H^2 und somit auf Grund der Voraussetzung auch zu H.
Diese Elemente sind auch alle voneinander verschieden, weil die Kürzungsregel in G gilt.

Daher sind die Mengen (2.7) und (2.8) abgesehen von der Reihenfolge identisch. Insbesondere tritt das Element u in (2.8) auf. Also gibt es eine ganze Zahl j mit

$$u_j u = u$$

und somit gilt $u_j = 1 \in H$. Schließlich existiert ein k mit

$$u_k u = 1 \quad (= u_j),$$

das heißt $u_k = u^{-1} \in H$. Dies beweist, daß H eine Gruppe ist.

Wenn H eine (endliche oder unendliche) Untergruppe von G ist, dann ist auch

$$H' = x^{-1} H x \tag{2.9}$$

eine Untergruppe von G. Denn für zwei beliebige Elemente $x^{-1} u x$ und $x^{-1} v x$ aus H' mit $u, v \in H$ gilt $(x^{-1} u x)(x^{-1} v x) = x^{-1} u v x \in H'$. Auch $x^{-1} 1 x = 1$ und $x^{-1} u^{-1} x = (x^{-1} u x)^{-1}$ liegen in H'. Zusätzlich sind diese beiden Gruppen isomorph, denn

$$u\theta = x^{-1} u x \quad (u \in H)$$

ist eine eineindeutige Abbildung von H auf H' mit der Eigenschaft

$$(u\theta)(v\theta) = (uv)\theta .$$

Daher gilt

$$H \cong H' .$$

Wir bemerken noch, daß jede Gruppe G trivialerweise die Untergruppen $H = \{1\}$ und $H = G$ enthält. Eine Untergruppe, welche zwischen diesen beiden Extremen liegt, heißt *echte* oder *eigentliche Untergruppe*.

10. Nebenklassen

Es sei H eine Untergruppe von G und x ein beliebiges Element aus G. Dann heißt

$$Hx$$

eine *rechte Nebenklasse* von G bezüglich H oder präziser die von x erzeugte rechte Nebenklasse oder die x enthaltende rechte Nebenklasse; denn es ist klar, daß $x \in Hx$, da ja $1 \in H$ gilt.

Wenn $x = u$, wobei u ein Element von H ist, dann gilt nach Proposition 3: $Hu = H$. Dies zeigt, daß H selbst eine Nebenklasse ist, welche auch als $H1$ oder allgemeiner als Hu angeschrieben werden kann, wobei u ein beliebiges Element aus H ist.

Wie man aus obigem ersieht, können zwei verschiedene Elemente durchaus dieselbe Nebenklasse erzeugen. Wir wollen nun die notwendige und hinreichende Bedingung dafür finden, daß für zwei Elemente x und y aus G gilt

$$Hx = Hy . \tag{2.10}$$

Aus (2.10) folgt im speziellen $x = 1x \in Hy$. Also existiert ein Element $u \in H$ mit

$$x = uy$$

oder

$$xy^{-1} \in H . \tag{2.11}$$

Umgekehrt impliziert (2.11)

$$Hx = Huy = Hy \ .$$

Je zwei Nebenklassen sind entweder identisch oder sie haben keine Elemente gemeinsam; mit anderen Worten, falls zwei Nebenklassen ein Element gemeinsam besitzen, dann sind sie gleich. Denn vorausgesetzt es gelte

$$z \in Hx \cap Hy \ .$$

Dann gibt es Elemente u und v aus H mit

$$z = ux = vy \ .$$

also ist

$$xy^{-1} = u^{-1}v \in H \ ,$$

was $Hx = Hy$ zur Folge hat. Wir fassen zusammen:

Proposition 5: Es sei H eine Untergruppe der Gruppe G. Die Nebenklassen Hx und Hy sind dann und nur dann identisch wenn $xy^{-1} \in H$ gilt. Je zwei Nebenklassen sind entweder identisch oder sie besitzen kein gemeinsames Element.

Es ist der Mühe wert, die Situation von einem abstrakteren Standpunkt zu betrachten. Wir wollen sagen, daß zwei Elemente $x, y \in G$ äquivalent (bezüglich H) sind und wir schreiben $x \sim y$, wenn ein Element $u \in H$ existiert, mit $x = uy$ oder äquivalenterweise wenn

$$Hx = Hy \ ;$$

das heißt, x und y liegen in derselben rechten Nebenklasse von H. Es ist klar, daß dies wirklich eine Äquivalenzrelation definiert. Denn (i) $x \sim x$, (ii) $x \sim y$ impliziert $y \sim x$ und (iii) wenn $x \sim y$ und $y \sim z$ gilt, dann sind x, y und z alle in der selben Nebenklasse, also $x \sim z$.

Wie allgemein gilt, wenn eine Äquivalenzrelation auf einer Menge definiert ist, kann diese Menge als Vereinigung von zueinander disjunkten Untermengen ausgedrückt werden, nämlich als die disjunkte Vereinigung aller verschiedenen Äquivalenzklassen. Diese Äquivalenzklassen bestehen hier aus den rechten Nebenklassen, so daß also G die disjunkte Vereinigung ihrer verschiedener Nebenklassen ist. Um dieses Ergebnis formaler ausdrücken zu können, suchen wir aus jeder Nebenklasse einen Vertreter (Repräsentanten) aus. Wenn t_i einer dieser Vertreter ist, können wir die entsprechenden Nebenklassen mit Ht_i bezeichnen. Die Anzahl der verschiedenen Nebenklassen kann endlich, unendlich, ja sogar überabzählbar sein. Wir verwenden eine Indexmenge I, deren Elemente in eineindeutiger Beziehung mit den Nebenklassen stehen. Die Tatsache, daß G die Vereinigung ihrer verschiedenen Nebenklassen ist, beschreibt die Formel

$$G = \bigcup_{i \in I} Ht_i \ . \tag{2.12}$$

Die Anzahl der verschiedenen Nebenklassen, das heißt die Mächtigkeit von I, nennt man den *Index* von H in G und wird mit

$$[G : H] \tag{2.13}$$

bezeichnet. Wenn es unendlich viele rechte Nebenklassen gibt, schreiben wir $[G : H] = \infty$.

Die Familie $\{t_i; i \in I\}$ von Repräsentanten nennt man ein *Rechtsrepräsentanten-* oder *Rechtsvertretersystem* von H in G. Während der Index vollständig durch H und G bestimmt ist, ist es das Vertretersystem natürlich nicht.

Wenn ein Vertretersystem t_i bekannt ist, dann ist das allgemeinste Vertretersystem durch

$$\{u_i t_i; \ i \in I\}$$

gegeben, wobei die u_i beliebige Elemente aus H sein können.

Auf analoge Weise können wir auch *linke Nebenklassen* von H betrachten. Solch eine Nebenklasse ist xH mit $x \in G$ und man kann leicht beweisen, daß

$$xH = yH$$

genau dann gilt, wenn es ein $v \in H$ gibt, mit $x = yv$, oder falls

$$y^{-1} x \in H. \tag{2.14}$$

Wie zuvor sind zwei linke Nebenklassen entweder identisch oder elementfremd. Es folgt ebenso, daß G in eine disjunkte Vereinigung all ihrer linken Nebenklassen aufgespaltet werden kann:

$$G = \bigcup_{j \in J} s_j H,$$

wobei J eine Indexmenge für die verschiedenen linken Nebenklassen ist und $\{s_j\}$ ein Vertretersystem für die linken Nebenklassen bildet, oder wie wir auch sagen, ein Linksrepräsentanten- oder Linksvertretersystem von H in G. Es ist leicht einzusehen, daß die Indexmengen I und J die gleiche Mächtigkeit haben. In der Tat, wenn wir von der Zerlegung (2.12) ausgehen, werden wir zeigen, daß

$$G = \bigcup_{i \in I} t_i^{-1} H \tag{2.15}$$

eine Zerlegung in linke Nebenklassen liefert. Zuerst sehen wir, daß die Nebenklassen in (2.15) alle verschieden sind. Denn falls gilt

$$t_i^{-1} H = t_k^{-1} H,$$

würde daraus $(t_k^{-1})^{-1} t_i^{-1} \in H$ und somit $t_k t_i^{-1} \in H$ folgen und daher auch $Ht_k = Ht_i$, was nur für $i = k$ möglich ist. Weiter ist jedes $x \in G$ in der Vereinigung auf der rechten Seite von (2.15) enthalten. Denn x^{-1} muß in einer der Rechtsnebenklassen der Zerlegung (2.12) enthalten sein, etwa $x^{-1} \in Ht_m$. Also gilt $x \in t_m^{-1} H$. Dies bestätigt die Gültigkeit der Formel (2.15) und wir haben gezeigt, daß die Linksnebenklassen durch die selbe Indexmenge wie die Rechtsnebenklassen indiziert werden können. Wir erinnern, daß H eine der (linken oder rechten) Nebenklassen ist. Wenn H endlich ist, lauten die Elemente von Ht wie in (2.7)

$$u_1 t, u_2 t, \ldots, u_h t.$$

Also besteht jede Nebenklasse aus h Elementen.

Wir können nun einen der ältesten und bedeutendsten Sätze über endliche Gruppen beweisen.

Theorem 3 (Lagrange): Es sei G eine endliche Gruppe der Ordnung g. Wenn H
eine Untergruppe der Ordnung h ist dann gilt
 (i) h teilt g also g = nh und
 (ii) n ist gleich dem Index [G: H], so daß von G Zerlegungen der Form

$$G = \bigcup_{i=1}^{n} Ht_i \quad \text{und} \quad G = \bigcup_{i=1}^{n} s_iH \tag{2.16}$$

in rechte und linke Nebenklassen existieren.

Beweis: Die Existenz der Zerlegungen (2.16) wurde schon im allgemeinen für den
Index n bewiesen. Wir haben nur noch die Gültigkeit von

$$g = nh$$

zu zeigen. Dies folgt aber sofort, wenn man die Anzahl der Elemente auf beiden Seiten
einer der Zerlegungen abzählt, da wir gesehen haben, daß jede Nebenklasse h Elemente
enthält und die disjunkte Vereinigung der n Nebenklassen gerade die g Elemente der
Gruppe ergibt.

Korollar 1 : Wenn G eine endliche Gruppe der Ordnung g ist, dann ist die Ordnung
eines jeden seiner Elemente ein Teiler von g. Alle Elemente von G erfüllen die
Gleichung

$$x^g = 1 \, .$$

Beweis: Es sei u ein Element von G. Da G endlich ist, ist auch die Ordnung von u
endlich, etwa gleich r. Daher bilden die Elemente

$$1, u, u^2, \ldots, u^{r-1} \quad (u^r = 1)$$

eine zyklische Untergruppe der Ordnung r. Nach Lagranges Theorem teilt r die Ordnung g,
also g = sr, wobei s eine positive ganze Zahl ist. Daher gilt

$$u^g = (u^r)^s = 1 \, .$$

Korollar 2 : Eine Gruppe von Primzahlordnung besitzt keine echten Untergruppen
und ist deshalb notwendigerweise zyklisch.

Beweis: Es sei G eine Gruppe der Ordnung p, wobei p eine Primzahl ist. Die Ordnung einer jeden Untergruppe ist entweder eins oder p, das heißt, die Untergruppe besteht
entweder aus dem Einselement alleine oder fällt mit ganz G zusammen.

Wenn u ein von 1 verschiedenes Element aus G ist, dann ist die Ordnung von u
größer als eins und ein Teiler von p. Also ist p die Ordnung von u und die Elemente

$$1, u, u^2, \ldots, u^{p-1}$$

sind voneinander verschieden und bilden daher alle Elemente von G.

Beispiel: In der in Tabelle (v) auf Seite 11 gegebenen Gruppe der Ordnung 6 lauten
die Ordnungen von a, b, c, d, e jeweils 3, 3, 2, 2, 2 .

Wenn G eine additive abelsche Gruppe ist und H eine Untergruppe von G, dann können wir jede Nebenklasse in der Form

$$H + x$$

anschreiben und es gilt

$$H + x = H + y$$

dann und nur dann, wenn

$$x - y \in H$$

oder

$$x = y + u,$$

wobei u ein Element aus H ist. In diesem Fall sagen wir manchmal, daß x *kongruent zu* y *modulo* H ist und wir schreiben

$$x \equiv y \pmod{H}.$$

11. Untergruppen einer zyklischen Gruppe

Wir betrachten zuerst den Fall der unendlichen zyklischen Gruppe

$$C: \ 1 \, (= x^0), x, x^{-1}, x^2, x^{-2}, \dots . \tag{2.17}$$

Abgesehen von der trivialen Untergruppe $\{1\}$ können wir sagen, daß jede Untergruppe H von C aus gewissen Potenzen von x und dem Einselement 1 besteht, also

$$H: \ 1, x^a, x^b, \dots ,$$

wobei $a, b, \dots$ positive oder negative ganze Zahlen sind. Da mit x^a auch x^{-a} zu H gehört, folgt, daß jede nichttriviale Untergruppe von C zumindest eine Potenz mit positivem Exponenten besitzt. Somit existiert in H auch eine Potenz von x mit kleinstem positiven Exponenten, etwa x^m. Folglich enthält H auch alle Elemente der Form

$$x^{mq} \text{ mit } q = 0, \pm 1, \pm 2, \dots , \tag{2.18}$$

das heißt H enthält die von x^m erzeugte zyklische Gruppe. Wir behaupten, daß H außer den in (2.18) angeführten keine weiteren Elemente mehr enthält. Denn, sei x^a ein beliebiges Element aus H. Dividiert man a durch m, also

$$a = mq + r,$$

mit $0 \leqslant r < m$, dann gilt

$$x^a = x^{mq} x^r$$

und

$$x^a x^{-mq} = x^r .$$

Da beide Faktoren auf der linken Seite zu H gehören folgt, daß auch x^r ein Element von H ist. Dies ist aber ein Widerspruch zur Minimalität von m, solange nicht $r = 0$ ist. Also ist $a = mq$, das heißt (2.18) umfaßt alle Elemente von H. Wir sehen, daß jede nichttriviale Untergruppe einer unendlichen Gruppe C selbst wieder eine unendliche zyklische Gruppe und somit zu C isomorph ist.

Die Situation wird interessanter, wenn wir uns mit Untergruppen von zyklischen Gruppen endlicher Ordnung beschäftigen. Das Ergebnis ist in folgendem Theorem zusammengefaßt.

Theorem 4: Es sei

$$C: \quad 1, x, x^2, \ldots, x^{g-1} \quad (x^g = 1) \tag{2.19}$$

eine zyklische Gruppe der Ordnung g. Dann existiert, entsprechend jedem Teiler h von g, eine und nur eine Untergruppe der Ordnung h, welche durch das Element $x^{g/h}$ erzeugt werden kann.

Beweis: (i) Es sei g = hn. Die Elemente

$$1, x^n, x^{2n}, \ldots, x^{(h-1)n} \tag{2.20}$$

sind voneinander verschieden, da deren Gleichheit auf die Relation

$$x^{ln} = 1 \,,$$

mit

$$0 < ln < hn \ (= g)$$

führen würde, was im Widerspruch zur Voraussetzung über die Ordnung von x stehen würde. Also bildet (2.20) eine Untergruppe der Ordnung h, erzeugt durch das Element x^n, welches von der Ordnung h ist.

(ii) Umgekehrt sei vorausgesetzt, daß $h | g$ also g = hn gilt und daß

$$H: \quad 1, u_2, u_3, \ldots, u_h$$

eine Untergruppe der Ordnung h sei. Jedes u_i ist eine Potenz von x, etwa

$$u_i = x^{\lambda_i}, \quad (i = 2, 3, \ldots, h) \,,$$

wobei die λ_i ganze Zahlen sind, die

$$0 < \lambda_i < g$$

erfüllen. Da H von der Ordnung h ist, impliziert Korollar 1 daß gilt,

$$u_i^h = 1$$

das heißt

$$x^{h\lambda_i} = 1 \,.$$

Nach Korollar 1, Seite 30 folgt $g | h\lambda_i$. Also existieren ganze Zahlen k_i mit

$$h\lambda_i = k_i g = k_i hn$$

und

$$\lambda_i = k_i n \,.$$

Dies beweist, daß jedes Element aus H eine Potenz von x^n ist. Nur h von diesen Potenzen sind voneinander verschieden und diese sind in (2.20) aufgelistet. Also ist H eine Teilmenge von (2.20), aber da H von der Ordnung h ist, muß H mit der in (2.20) gegebenen Menge identisch sein. Dies beweist, daß letztere die einzige Untergruppe von der Ordnung h ist.

12. Durchschnitt und Erzeugung von Untergruppen

Die Struktur einer Gruppe wird oft durch das Studium ihrer Untergruppen einsichtiger. Es ist deshalb wichtig, Methoden zur Konstruktion von Untergruppen zu besitzen.

Es ist offensichtlich richtig, daß aus $H \leqq G$ und $K \leqq H$ folgt: $K \leqq G$. Weiter, wenn H und K Untergruppen von G_* sind, dann ist auch ihr Durchschnitt

$$D = H \cap K$$

eine Untergruppe von G. Denn wenn x und y zu D gehören, dann haben wir auch $x, y \in H$ und $x, y \in K$, also $xy \in H$ und $xy \in K$ und somit $xy \in D$; auch gilt $1 \in D$ wegen $1 \in H$ und $1 \in K$; schließlich, wenn $x \in D$, dann ist $x^{-1} \in H$ und $x^{-1} \in K$ und daher $x^{-1} \in D$. Dies beweist, daß D eine Untergruppe ist. Auch allgemeiner ist der Durchschnitt einer beliebigen Anzahl von Untergruppen

$$H \cap K \cap L \cap \dots$$

wieder eine Untergruppe.

Andererseits ist aber die Vereinigung

$$H \cup K$$

von zwei Untergruppen im allgemeinen keine Untergruppe mehr. Denn es gibt keinen Grund, weshalb für $u \in H$ und $v \in K$ das Produkt uv in H oder in K und daher in $H \cup K$ liegen soll. Es ist eine kompliziertere Konstruktion notwendig, um die „kleinste" Untergruppe zu erhalten, die sowohl H als auch K enthält.

Es sei

$$a, b, c, \dots \tag{2.21}$$

eine Familie von Elementen aus G. Wir betrachten die Menge aller Produkte, welche aus einer endlichen Anzahl von Faktoren (möglicherweise mit Wiederholungen) aus der Menge (2.21) oder deren Inversen bestehen, zum Beispiel $a^2 b^{-1} cab$; unter diesen Produkten gibt es auch das „leere" Produkt, das wir mit dem Einselement identifizieren wollen. Es ist klar, daß die Menge dieser Produkte eine Gruppe bilden, denn wenn wir zwei Produkte mit einer endlichen Anzahl von Faktoren miteinander multiplizieren, dann erhalten wir wieder ein Produkt dieser Art und auch das Inverse solch eines Produktes liegt wieder in dieser Menge. Die so konstruierte Gruppe wird mit

$$gp\,\{a, b, c, \dots\} = M \tag{2.22}$$

bezeichnet und man nennt sie durch die $a, b, c, \dots$ erzeugte Gruppe. Offensichtlich muß jede die Menge (2.21) enthaltende Gruppe auch M enthalten, was den Ausdruck „kleinste, die Menge $a, b, c, \dots$ enthaltende Gruppe" rechtfertigt. Andererseits können wir sagen, daß M der Durchschnitt aller, die Elemente (2.21) enthaltender Gruppen ist. Es kann dabei natürlich auch $M = G$ herauskommen.

Die Elemente $a, b, c, \dots$ nennt man die *Erzeugenden (Generatoren)* von M. Man muß allerdings betonen, daß die Erzeugenden nicht eindeutig bestimmt sind oder daß sie immer so gewählt werden müssen, daß kein Element überflüssig ist. Zum Beispiel wäre der Generator a überflüssig, falls:

$$a \in gp\,\{b, c, \ldots\},$$

und in diesem Falle könnten wir (2.22) durch

$$M = gp\,\{b, c, \ldots\}$$

ersetzen.

Wir sind hauptsächlich an endlich erzeugten Gruppen interessiert. Es ist klar, daß so eine Gruppe immer eine nicht reduzierbare Menge von Erzeugenden besitzt. Denn wir können einfach mit einem beliebigen endlichen System von Erzeugenden beginnen und dann diejenigen wegstreichen, die sich als Produkt von den anderen Erzeugenden und deren Inversen ausdrücken lassen.

Jede Gruppe G kann in der Form (2.22) angeschrieben werden; so können wir zum Beispiel jedes Element von G als Erzeugendes betrachten und dann, wenn wir wollen, nacheinander die überflüssigen Elemente wegnehmen. Für die meisten praktischen Anwendungen ist es wünschenswert, die Anzahl der Erzeugenden so niedrig als möglich zu halten.

Eine Gruppe mit nur einem Erzeugenden x ist eine von x erzeugte zyklische Gruppe, wobei wir nun gp $\{x\}$ schreiben können. Wir wollen nochmals zur Gruppe G ($\cong S_3$) der Ordnung 6, die durch die Tabelle (v) auf Seite 11 gegeben ist, zurückkehren, um das obige etwas näher zu erklären. Wir sehen, daß jedes der sechs Elemente in Termen mit a und c ausgedrückt werden kann:

$$1 = c^2\,(= a^3),\ \ a = a,\ \ b = a^2,\ \ c = c,\ \ d = ca,\ \ e = ca^2\,. \tag{2.23}$$

Daher können wir in diesem Fall schreiben:

$$G = gp\,\{a, c\}. \tag{2.24}$$

Andererseits gilt aber auch:

$$G = gp\,\{b, d\}. \tag{2.25}$$

Denn a und b und somit die ganze Gruppe kann in Termen mit b und d ausgedrückt werden, nämlich

$$a = b^2,\ \ c = db\,.$$

Die Erzeugendenmengen in (2.24) und (2.25) sind sicherlich nicht weiter reduzierbar, weil die Gruppe nicht abelsch ist und deshalb nicht von einem Element erzeugt werden kann (zyklische Gruppen sind abelsch).

Es ist von großer Bedeutung, daß nicht weiter reduzierbare Generatoren trotzdem durch nichttriviale Relationen miteinander verbunden werden können.

So ersehen wir aus Tabelle (v), daß

$$ac = ca^2 \tag{2.26}$$

gilt oder dazu äquivalent

$$(ac)^2 = 1\,, \tag{2.26$'$}$$

da $(ac)^2 = acac = acca^2 = a1a^2 = a^3 = 1$. Es ist unmöglich, eine dieser Gleichungen so aufzulösen, daß ein Generator durch den anderen ausgedrückt wird. Eine Gleichung der Art (2.26) oder (2.26)$'$ nennt man eine definierende Relation. Wir werden später (Kapitel 5) noch einmal im Detail darauf zurückkommen, jedoch hier noch anführen, daß im gegebenen Fall die Gleichungen

$$a^3 = c^2 = (ac)^2 = 1 \tag{2.27}$$

uns eine Menge von definierenden Relationen liefert. Denn tatsächlich reichen alle in (2.27) enthaltenen Informationen aus, um die gesamte Multiplikationstabelle zu konstruieren. Als erstes sei bemerkt, daß die sechs Elemente

$$1, a, a^2, c, ca, ca^2 \tag{2.28}$$

wirklich voneinander verschieden sind; zum Beispiel, wenn a gleich ca^2 wäre, hätte dies $a^{-1} = c$ zur Folge, im Widerspruch zur Irreduzierbarkeit der Generatoren. Danach prüfen wir, daß das System (2.28) bezüglich der Multiplikation unter Berücksichtigung der Relationen (2.27) abgeschlossen ist; zum Beispiel gilt

$$(ca)(ca^2) = c(ac)a^2 = cca^2a^2 = c^2a^4 = a \,,$$
$$a^2c = a(ac) \quad = \quad aca^2 \quad = \quad ca^4 \quad = ca$$

und so weiter, indem man den Faktor c mit Hilfe von (2.26) immer weiter von links nach rechts verschiebt, bis das Produkt mit einem der Elemente aus (2.28) identisch ist. Mit dieser Notation lautet die vollständige Multiplikationstabelle folgendermaßen:

(vii)	1	a	a^2	c	ca	ca^2
1	1	a	a^2	c	ca	ca^2
a	a	a^2	1	ca^2	c	ca
a^2	a^2	1	a	ca	ca^2	c
c	c	ca	ca^2	1	a	a^2
ca	ca	ca^2	c	a^2	1	a
ca^2	ca^2	c	ca	a	a	1

und dies liefert nun eine andere Version der Gruppe, die wir das erstemal in Tabelle (v), Seite 11 vorgestellt haben.

Wenn $A, B, C, \ldots$ Teilmengen der Gruppe G sind, dann bezeichnen wir die daraus erzeugte Gruppe mit

$$\text{gp}\, \{A, B, C, \ldots\}.$$

Sie ist als die Familie aller endlichen Produkte definiert, wobei jeder Faktor dieser Produkte ein Element aus A, B oder $C \ldots$ oder das Inverse eines solchen Elementes ist und diese in beliebiger Reihenfolge mit oder ohne Wiederholung aufscheinen können. Dies führt uns wieder zum vorigen Prinzip der Erzeugenden, wenn wir als Erzeugende alle Elemente von $A \cup B \cup C \ldots$ nehmen. Wir könnten daher auch

$$\text{gp}\, \{A \cup B \cup C \ldots\}$$

schreiben. Natürlich gilt für eine Untergruppe A

$$A = \text{gp}\, \{A\}.$$

13. Das direkte Produkt

Wir werden nun eine einfache Methode behandeln, wie man aus zwei gegebenen Gruppen eine neue Gruppe konstruiert. Es seien H und K zwei beliebige Gruppen und wir betrachten die Menge aller Paare

$$(u, v),$$

wobei u und v ganz H beziehungsweise K durchlaufen. Die Menge dieser Paare wird mit

$$G = H \times K$$

bezeichnet und man nennt sie das *(äußere) direkte Produkt* von H und K. Die Menge G wird zu einer Gruppe, indem man sie mit folgender Verknüpfungsregel versieht

$$(u, v)(u', v') = (uu', vv'). \tag{2.29}$$

Man kann leicht nachprüfen, daß das Assoziativgesetz in G gilt, weil die Multiplikation in G und H assoziativ ist. Das Einselement in G ist das Paar

$$(1_H, 1_K),$$

wobei 1_H und 1_K die Einselemente von H und K sind. Außerdem gilt

$$(u, v)^{-1} = (u^{-1}, v^{-1}).$$

Wenn H und K endliche Gruppen der Ordnung h beziehungsweise k sind, dann ist $H \times K$ von der Ordnung hk.

Allgemeiner definiert man das direkte Produkt

$$H_1 \times H_2 \times \ldots \times H_r$$

von beliebigen Gruppen $H_1, H_2, \ldots, H_r$, als die Menge aller r-tupel

$$(u_1, u_2, \ldots, u_r),$$

wobei $u_i \in H_i$ $(i = 1, 2, \ldots, r)$ ist und die Multiplikation komponentenweise ausgeführt wird. Wenn jedes H_i endlich ist, dann gilt klarerweise

$$|H_1 \times H_2 \times \ldots \times H_r| = \prod_{i=1}^{r} |H_i|.$$

Es tritt manchmal der Fall auf, daß eine Gruppe isomorph zum direkten Produkt zweier ihrer Untergruppen ist

$$G \cong H \times K \tag{2.30}$$

und in diesem Fall schreiben wir etwas mißbräuchlich

$$G = H \times K. \tag{2.30}'$$

So eine Situation tritt unter folgenden Umständen auf:

1. Die Elemente der Untergruppen kommutieren elementweise, das heißt, wenn u und v beliebige Elemente aus H beziehungsweise K sind, dann gilt

$$uv = vu. \tag{2.31}$$

2. Jedes Element $x \in G$ hat eine Darstellung $x = uv$, oder kürzer

$$G = HK.\tag{2.32}$$

3. Der Durchschnitt von H und K enthält nur das Einselement, also

$$H \cap K = 1.\tag{2.33}$$

Wir merken noch an, daß 2. und 3. äquivalent zu der einen folgenden Bedingung ist:

2'. Jedes Element $x \in G$ kann *eindeutig* als Produkt $x = uv$, mit $u \in H$ und $v \in K$ dargestellt werden.

Denn angenommen, 2. und 3. gilt und wir haben zwei Zerlegungen

$$x = uv = u_1 v_1 \, ,$$

dann ist

$$u_1^{-1} u = v_1 v^{-1}\tag{2.34}$$

und die Elemente auf jeder Seite von (2.34) gehören sowohl zu H als auch zu K, daher müssen sie wegen 3. gleich 1 sein, also ist $u = u_1$ und $v = v_1$, was die Eindeutigkeit der Zerlegung beweist, wie dies in 2'. gefordert ist.

Umgekehrt gelte nun 2'. und wir nehmen an, daß $w \in H \cap K$. Dann sind $w = 1w$ und $w = w1$ zwei Zerlegungen von w mit Faktoren aus H und K und wir folgern aus der Eindeutigkeit der Zerlegung, daß $w = 1$ gilt.

Die vorgehenden Bedingungen machen deutlich, daß jedes Element $x \in G$ eindeutig durch ein Paar (u, v) mit $u \in H$ und $v \in K$ bestimmt ist und daß jedes solche Paar in G auch auftritt, da ja (u, v) dem Produkt $uv = x$ entspricht. Die Beziehung

$$x\theta = (uv)\theta = (u, v)$$

liefert den Isomorphismus (2.30), da wegen 1. gilt

$$(uv)(u'v')\theta = (uu'vv')\theta = (uu', vv').$$

Gleicherweise gilt

$$G \cong H_1 \times H_2 \times \ldots \times H_r \, ,$$

wobei die H_i $(i = 1, 2, \ldots, r)$ Untergruppen von G sind, wenn die folgenden Bedingungen erfüllt sind:

1. Je zwei verschiedene Gruppen H_i und H_j kommutieren elementweise.

2. Jedes Element x aus G kann in der Form

$$x = u_1 u_2 \ldots u_r\tag{2.35}$$

mit $u_i \in H_i$ dargestellt werden.

3. $\quad H_i \cap H_1 H_2 \ldots H_{i-1} H_{i+1} \ldots H_r = \{1\} \, ,$

oder auch anstatt 2. und 3.:

2'. Die Zerlegung (2.35) ist eindeutig.

Im speziellen folgt aus

$$u_1 u_2 \ldots u_r = 1$$

wegen 2'., daß $u_1 = u_2 = \ldots = u_r = 1$, da $1 = 11 \ldots 1$ die einzige Zerlegung von 1 ist.

Wenn eine Gruppe als das direkte Produkt von Untergruppen angeschrieben werden kann, dann sprechen wir von einem *inneren direkten Produkt*.

Beispiel: Die kleinsten positiven zum Modul 15 relativ primen Reste lauten

$$1, 2, 4, 7, 8, 11, 13, 14 .\tag{2.36}$$

Sie bilden eine abelsche Gruppe der Ordnung 8 (siehe Seite 43), die, wie wir sehen werden, zum direkten Produkt der zyklischen Gruppen, erzeugt durch die Elemente 2 beziehungsweise 11, isomorph ist. Denn tatsächlich erzeugt der Rest 2 eine zyklische Gruppe der Ordnung 4, nämlich

$$C_4: 1, 2, 4, 8 \quad (2^4 = 16 \equiv 1 \ (\mathrm{mod}\ 15)).$$

Und 11 erzeugt eine zyklische Gruppe der Ordnung 2

$$C_2: 1, 11 \quad (11^2 = 121 \equiv 1 \ (\mathrm{mod}\ 15)).$$

Da die ganze Gruppe abelsch ist, haben wir nur die Bedingungen 2. und 3. von Seite 37 nachzuprüfen. Wenn wir alle möglichen Produkte berechnen, erhalten wir

$$1, 2, 4, 8, 11, 22, 44, 88 ,$$

welche nach der Reduktion modulo 15 zu

$$1, 2, 4, 8, 11, 7, 14, 13$$

werden. Da dies die komplette Gruppe ist, gilt Bedingung 2. und wir sehen auch sofort:

$$C_4 \cap C_2 = \{1\}.$$

Dies zeigt, daß die Gruppe isomorph zu $C_4 \times C_2$ ist.

Proposition 6 : Es sei G eine Gruppe in der alle Elemente die Gleichung

$$x^2 = 1\tag{2.37}$$

erfüllen. Das heißt, jedes, vom Einselement verschiedenes Element hat die Ordnung 2. Dann ist G isomorph zu einer abelschen Gruppe vom Typ

$$C_2 \times C_2 \times \dots \times C_2 .$$

Die Ordnung von G ist daher eine Potenz von 2.

Beweis: Nach Korollar 2, Seite 30 ist die Proposition gültig, wenn G die (einzige) Gruppe der Ordnung 2 ist. Deshalb sei nun vorausgesetzt, daß G von der Ordnung größer als 2 sei und es seien a und b zwei verschiedene Elemente ungleich 1. Nach Voraussetzung gilt

$$a^2 = b^2 = 1 ,$$

also

$$a = a^{-1} \quad \text{und} \quad b = b^{-1} .$$

Weiters betrachten wir das Element ab. Nach (2.37) gilt $(ab)^2 = 1$, folglich

$$ab = (ab)^{-1} = b^{-1} a^{-1} = ba .$$

Dies zeigt, daß G abelsch ist. Es sei $u_1, u_2, \ldots, u_r$ eine nicht weiter reduzierbare Menge von Erzeugenden von G. Da G abelsch ist, können die Produkte aus den Erzeugenden so zusammengefaßt werden, daß jedes Element in der „Normalform"

$$u_1^{k_1} u_2^{k_2} \ldots u_r^{k_r} \tag{2.38}$$

ausgedrückt werden kann. Mit Hilfe von (2.37) können die Exponenten in (2.38) so reduziert werden, daß sie nur die Werte 0 oder 1 annehmen. Dann werden alle Produkte mit verschiedenen Exponenten verschieden sein; denn Gleichheit zweier solcher Produkte würde zu einer Relation

$$u_1^{l_1} u_2^{l_2} \ldots u_r^{l_r} = 1$$

führen, wobei jedes der l_i entweder 0 oder 1 sein kann. Dies würde uns ermöglichen, einen der Generatoren durch die anderen auszudrücken, im Widerspruch zur Voraussetzung, daß die Menge der Erzeugenden nicht weiter reduzierbar sein soll. Daher ist die Normalform eindeutig und das berechtigt uns zu sagen, daß gilt:

$$G = gp \{u_1\} \times gp \{u_2\} \times \ldots \times gp \{u_r\},$$

und daher

$$G \cong C_2 \times C_2 \times \ldots \times C_2 \qquad \text{(r Faktoren)}.$$

14. Überblick über alle Gruppen bis zur Ordnung 8

Bis jetzt wurde noch keine erfolgreiche Methode entdeckt, um alle möglichen Gruppen einer bestimmten vorgegebenen Ordnung zu konstruieren, noch wissen wir im voraus, wie viele solche Gruppen existieren, ausgenommen in einigen einfachen Fällen.

Gleichwohl reichen die elementaren Mittel, wie wir sie bis hierher entwickelt haben, dazu aus, eine vollständige Liste der Gruppen bis zur Ordnung 8 aufzustellen. Da die Gruppen von Primzahlordnung bereits behandelt wurden (Korollar 2, Seite 30), bleibt nur mehr übrig, Gruppen mit der Ordnung g, wobei g gleich:

4, 6 oder 8

ist, im Detail zu diskutieren.

Es gibt zwei Gruppen der Ordnung 4, beide sind abelsch.
Denn für $g = 4$ kann jedes von 1 verschiedene Element nur die Ordnung 4 oder 2 besitzen (Korollar 1, Seite 30).
1. Wenn G ein Element a der Ordnung 4 besitzt, erzeugt dieses Element G; denn tatsächlich lauten die vier Elemente von G

$$1, a, a^2, a^3 \quad (a^4 = 1)$$

und wir haben $G = C_4$, die zyklische Gruppe der Ordnung 4.
2. Nun sei vorausgesetzt, daß G kein Element der Ordnung 4 besitze. Dann sind alle von 1 verschiedenen Elemente von der Ordnung 2 und wir folgern aus Proposition 6:

$$G = C_2 \times C_2.$$

Also wird G von zwei Elementen a und b erzeugt und die vier Elemente von G lauten

$$1, a, b, ab \,, \tag{2.39}$$

wobei gilt

$$a^2 = b^2 = 1, \quad ab = ba \,. \tag{2.40}$$

Diese Gruppe heißt die Kleinsche Vierergruppe (Felix Klein, 1849–1925) und wird oft mit V bezeichnet.

Da keine anderen Möglichkeiten bestehen, schließen wir, daß jede Gruppe der Ordnung 4 entweder zur C_4 oder zu $V \, (\cong C_2 \times C_2)$ isomorph ist. Mit etwas anderen Bezeichnungen wurden die Multiplikationstabellen dieser Gruppen schon in (iii) und (iv) auf Seite 10 angeschrieben.

Es gibt zwei Gruppen der Ordnung 6, eine zyklische und eine nichtkommutative.

1. Wenn G ein Element a der Ordnung 6 enthält, dann ist

$$G = gp \, \{a\} = C_6 \,.$$

2. Nun setzen wir voraus, daß es kein Element der Ordnung 6 gibt. Die Ordnung jedes von 1 verschiedenen Elementes ist daher 2 oder 3 (Korollar 1, Seite 30). Weil die Ordnung von G keine Potenz von 2 ist, können nicht alle Elemente (2.37) erfüllen. Daher existiert mindestens ein Element a von der Ordnung 3, so daß

$$1, a, a^2 \tag{2.41}$$

drei verschiedene Elemente von G sind und

$$a^3 = 1 \tag{2.42}$$

gilt. Wenn c ein weiteres Element aus G ist, sind die sechs Elemente

$$1, a, a^2, c, ca, ca^2 \tag{2.43}$$

voneinander verschieden, wie wir dies auf Seite 35 im Zusammenhang mit den Elementen (2.28) ausgerechnet haben.

Wenn die Elemente (2.43) eine Gruppe der Ordnung 6 bilden sollen, muß das Abgeschlossenheitsaxiom erfüllt sein. Insbesondere muß c^2 eines dieser Elemente sein. Wir können keine Gleichung der Form $c^2 = ca^i$ $(i = 0, 1, 2)$ haben, denn dies würde bedeuten, daß c zur Menge (2.41) gehört. Es bleiben daher nur noch die drei folgenden Möglichkeiten:

$$\alpha) \ c^2 = 1, \qquad \beta) \ c^2 = a, \qquad \gamma) \ c^2 = a^2 \,. \tag{2.44}$$

Unter der Annahme, $\beta)$ oder $\gamma)$ kann das Element c nicht von der Ordnung 2 sein und muß daher von der Ordnung 3 sein. Doch wenn man $\beta)$ und $\gamma)$ von links mit c multipliziert, erhielten wir $1 = ca$ beziehungsweise $1 = ca^2$, also kann keine dieser beiden Möglichkeiten gelten. Daraus schließen wir, daß $\alpha)$ gelten muß, das heißt

$$c^2 = 1 \,. \tag{2.45}$$

Als nächstes betrachten wir ac. Es muß auch unter den Elementen (2.43) sein. Da es nicht gleich c oder einer Potenz von a sein kann, bleiben die Alternativen

$$ac = ca \quad \text{oder} \quad ac = ca^2 \,. \tag{2.46}$$

Die erste davon führt zu einer abelschen Gruppe. Wir berechnen in diesem Fall die Ordnung von ac. Also

$$(ac)^2 = a^2 c^2 = a^2 \neq 1, \quad (ac) = a^3 c^3 = c^3 = c \neq 1,$$

somit müßte ac die Ordnung 6 haben, im Widerspruch zu unserer ursprünglichen Annahme. Daher muß die zweite Gleichung von (2.46) gelten, das heißt

$$ac = ca^2$$

oder dazu äquivalent

$$(ac)^2 = 1,$$

siehe (2.26) und (2.26)'. Zusammenfassend können wir feststellen, daß eine Gruppe G der Ordnung 6 ungleich der C_6 die Form

$$G = gp\{a, b\}$$

hat, mit den Relationen

$$a^3 = c^2 = (ac)^2 = 1.$$

Dies beweist noch nicht, daß so eine Gruppe existiert. Doch wir wissen dies in diesem Fall; denn ihre Multiplikationstabelle ist auf Seite 35 angeführt. Somit gibt es genau zwei Gruppen der Ordnung 6.

Es gibt fünf Gruppen der Ordnung 8, drei davon sind abelsch und zwei sind nicht abelsch.
Drei abelsche Gruppen können leicht hingeschrieben werden, nämlich:
1. $C_8 = gp\{a\}$, mit $a^8 = 1$ (Tabelle (viii), Seite 43).
2. $C_4 \times C_2 = gp\{a\} \times gp\{b\}$, mit $a^4 = b^2 = 1$, $ab = ba$ (Tabelle (ix), Seite 43).
3. $C_2 \times C_2 \times C_2 = gp\{a\} \times gp\{b\} \times gp\{c\}$, mit $a^2 = b^2 = c^2 = 1$, $ab = ba$, $bc = cb$, $ac = ca$ (Tabelle (x), Seite 44).

Aus der allgemeinen Theorie, welche wir in Kapitel IV entwickeln werden, würde leicht folgen, daß dies die einzig möglichen abelschen Gruppen der Ordnung 8 sind, doch wir wollen dies hier mit elementaren Schlüssen beweisen. Wenn eine Gruppe ein Element der Ordnung 8 enthält, muß sie die C_8 sein und wenn alle von 1 verschiedenen Elemente die Ordnung 2 haben, dann ist die Gruppe mit der Gruppe 3. isomorph.

Deshalb wollen wir von nun an annehmen, daß jedes Element ungleich 1 entweder von der Ordnung 4 oder 2 ist und daß es mindestens ein Element a von der Ordnung 4 gibt, mit

$$a^4 = 1, a^2 \neq 1. \tag{2.47}$$

Wenn b ein nicht in $gp\{a\}$ enthaltenes Element ist, dann sind die acht Elemente

$$1, a, a^2, a^3, b, ab, a^2 b, a^3 b \tag{2.48}$$

voneinander verschieden und sie bilden dann die ganze Gruppe, falls so eine existiert.

Nun muß b^2 eines dieser Elemente sein und zwar eines der ersten vier, da b keine Potenz von a ist. Die Gleichungen $b^2 = a$ oder $b^2 = a^3$ müssen ausgeschlossen werden, weil dies zur Folge hätte, daß b von der Ordnung 8 ist. Also bleiben noch die Möglichkeiten

$$\alpha)\ b^2 = 1 \quad \text{oder} \quad \beta)\ b^2 = a^2 . \tag{2.49}$$

α) Angenommen $b^2 = 1$. Das Produkt ba muß dann eines der letzten drei Elemente in (2.48) sein.

α, i) Wenn $ba = ab$, dann ist die Gruppe abelsch, und zwar die Gruppe 2.

α, ii) Für $ba = a^2 b$ könnten wir ableiten, daß $b^{-1} a^2 b = a$ ist, also:

$$(b^{-1} a^2 b)^2 = b^{-1} a^4 b = b^{-1} 1 b = 1 = a^2 ,$$

was unmöglich ist. Also muß gelten

α, iii) $ba = a^3 b$ oder dazu äquivalent $(ab)^2 = 1$.

Die durch die Relationen

$$a^4 = b^2 = (ab)^2 = 1 \tag{2.50}$$

definierte Gruppe existiert tatsächlich. Sie wird mit D_4 bezeichnet und heißt die *Diedergruppe* der Ordnung 8 (Tabelle (xi), Seite 44). Sie gehört zu einer Klasse von Gruppen, welche später (Seite 129) noch behandelt wird, wobei dort auch das Assoziativgesetz bestätigt werden wird.

β) Angenommen, daß gilt $b^2 = a^2$. In diesem Falle sind a und b beide von der Ordnung 4. Wieder muß ba eines der letzten drei Elemente von (2.48) sein, was wir nun der Reihe nach untersuchen wollen:

β, i) Wenn $ba = ab$ ist, dann ist die Gruppe abelsch. Das Element $c = ab^{-1}$ ist von der Ordnung 2, weil $(ab^{-1})^2 = a^2 b^{-2} = 1$ und weil $b = c^{-1} a$ ist, kann der Generator b durch c ersetzt werden. Die acht Elemente können daher wie in (2.48) geschrieben werden, jedoch mit c anstelle von b. Wieder einmal kommen wir zur Gruppe 2.

β, ii) Die Relation $ba = a^2 b$ ist unmöglich, denn dies würde $ba = a^2 b$ implizieren, was nicht erlaubt ist.

β, iii) Die einzige noch verbleibende Alternative, nämlich $ba = a^3 b$ ist ausführbar und wie wir sehen werden, führt sie zu einer, durch die Relationen

$$a^4 = 1, \ a^2 = b^2 , \ ba = a^3 b \tag{2.51}$$

definierten Gruppe.

Um zu demonstrieren, daß so eine Gruppe wirklich existiert, konstruieren wir eine treue Matrizendarstellung. Es sei

$$A = \begin{bmatrix} \sqrt{-1} & 0 \\ 0 & -\sqrt{-1} \end{bmatrix} , \qquad B = \begin{bmatrix} 0 & 1 \\ 1 & 0 \end{bmatrix} .$$

Der Leser wird ohne Schwierigkeiten nachprüfen, daß diese Matrizen die Relationen (2.51) bei entsprechender Anpassung der Bezeichnungen erfüllen und daß die acht Matrizen

$$I,\ A,\ A^2,\ A^3,\ B,\ AB,\ A^2 B,\ A^3 B$$

voneinander verschieden sind und deshalb eine multiplikative Gruppe bilden, die zu jener isomorph ist, die wir unter β, iii) in Augenschein genommen haben.

Diese Gruppe ist als die *Quaternionengruppe* bekannt (Tabelle (xii), Seite 44). Wir erinnern, daß Quaternionen hyperkomplexe Zahlen sind, die die allgemeine Darstellung

$$a_0 1 + a_1 i + a_2 j + a_3 k$$

haben, wobei die Koeffizienten a_0, a_1, a_2, a_3 reelle Zahlen sind und die Symbole

$$1, i, j, k$$

die Relationen

$$i^2 = j^2 = -1, \ ij = -ji = k$$

erfüllen oder dazu äquivalent

$$i^4 = 1, \ i^2 = j^2, \ ji = i^3 j,$$

was abgesehen von den Bezeichnungen mit (2.51) übereinstimmt.

Um unsere Diskussion der Gruppen der Ordnung 8 zusammenzufassen, führen wir die vollständigen Multiplikationstabellen der fünf möglichen Gruppen dieser Ordnung an:

(viii) $C_8 = \text{gp} \{a\}, a^8 = 1$

	1	a^1	a^2	a^3	a^4	a^5	a^6	a^7
1	1	a	a^2	a^3	a^4	a^5	a^6	a^7
a	a	a^2	a^3	a^4	a^5	a^6	a^7	1
a^2	a^2	a^3	a^4	a^5	a^6	a^7	1	a
a^3	a^3	a^4	a^5	a^6	a^7	1	a	a^2
a^4	a^4	a^5	a^6	a^7	1	a	a^2	a^3
a^5	a^5	a^6	a^7	1	a	a^2	a^3	a^4
a^6	a^6	a^7	1	a	a^2	a^3	a^4	a^5
a^7	a^7	1	a	a^2	a^3	a^4	a^5	a^6

(ix) $C_4 \times C_2 = \text{gp} \{a\} \times \text{gp} \{b\} \times \text{gp} \{b\}, a^4 = b^2 = 1$

	1	a	a^2	a^3	b	ab	a^2b	a^3b
1	1	a	a^2	a^3	b	ab	a^2b	a^3b
a	a	a^2	a^3	1	ab	a^2b	a^3b	b
a^2	a^2	a^3	1	a	a^2b	a^3b	b	ab
a^3	a^3	1	a	a^2	a^3b	b	ab	a^2b
b	b	ab	a^2b	a^3b	1	a	a^2	a^3
ab	ab	a^2b	a^3b	b	a	a^2	a^3	1
a^2b	a^2b	a^3b	b	ab	a^2	a^3	1	a
a^3b	a^3b	b	ab	a^2b	a^3	1	a	a^2

(x) $C_2 \times C_2 \times C_2 = gp\{a\} \times gp\{b\} \times gp\{c\}, a^2 = b^2 = c^2 = 1$

	1	a	b	c	ab	ac	bc	abc
1	1	a	b	c	ab	ac	bc	abc
a	a	1	ab	ac	b	c	abc	bc
b	b	ab	1	bc	a	abc	c	ac
c	c	ac	bc	1	abc	a	b	ab
ab	ab	b	a	abc	1	bc	ac	c
ac	ac	c	abc	a	bc	1	ab	b
bc	bc	abc	c	b	ac	ab	1	a
abc	abc	bc	ac	ab	c	b	a	1

(xi)   Diedergruppe: $a^4 = b^2 = (ab)^2 = 1$

	1	a	a^2	a^3	b	ab	a^2b	a^3b
1	1	a	a^2	a^3	b	ab	a^2b	a^3b
a	a	a^2	a^3	1	ab	a^2b	a^3b	b
a^2	a^2	a^3	1	a	a^2b	a^3b	b	ab
a^3	a^3	1	a	a^2	a^3b	b	ab	a^2b
b	b	a^3b	a^2b	ab	1	a^3	a^2	a
ab	ab	b	a^3b	a^2b	a	1	a^3	a^2
a^2b	a^2b	ab	b	a^3b	a^2	a	1	a^3
a^3b	a^3b	a^2b	ab	b	a^3	a^2	a	1

(xii)   Quaternionengruppe: $a^4 = 1$, $a^2 = b^2$, $ba = a^3b$

	1	a	a^2	a^3	b	ab	a^2b	a^3b
1	1	a	a^2	a^3	b	ab	a^2b	a^3b
a	a	a^2	a^3	1	ab	a^2b	a^3b	b
a^2	a^2	a^3	1	a	a^2b	a^3b	b	ab
a^3	a^3	1	a	a^2	a^3b	b	ab	a^2b
b	b	a^3b	a^2b	ab	a^2	a	1	a^3
ab	ab	b	a^3b	a^2b	a^3	a^2	a	1
a^2b	a^2b	ab	b	a^3b	1	a^3	a^2	a
a^3b	a^3b	a^2b	ab	b	a	1	a^3	a^2

15. Der Produktsatz

Zum Beginn dieses Kapitels haben wir das Produkt von zwei Teilmengen definiert. Wir werden nun den Fall überprüfen, in welchem beide Teilmengen Untergruppen einer Gruppe sind. Es wird dabei herauskommen, daß das Produkt von zwei Untergruppen nicht immer eine Untergruppe ist, aber daß im endlichen Falle explizite Informationen über die Anzahl der Elemente erhalten werden können.

Theorem 5 (Produktsatz): (i) Es seien A und B Untergruppen. Dann ist die Teilmenge AB genau dann eine Gruppe, wenn gilt

$$AB = BA. \tag{2.52}$$

(ii) Im Falle endlicher Untergruppen sei $|A| = a$, $|B| = b$, $|A \cap B| = d$. Dann gilt unabhängig von (2.52)

$$|AB| = |BA| = ab/d. $$

Beweis: (i) Da A und B Gruppen sind, gilt $A^2 = A$ und $B^2 = B$. Zuerst sei vorausgesetzt, daß (2.52) gilt und es sei H = AB. Dann gilt

$$H^2 = ABAB = A^2B^2 = AB = H, $$

was die Abgeschlossenheit von H beweist. Klarerweise ist $1 \in H$, da $1 \in A$ und $1 \in B$. Schließlich, wenn a und b zwei Elemente aus A beziehungsweise B sind, dann ist $b^{-1}a^{-1} \in BA$ und daher wegen (2.52) $b^{-1}a^{-1} \in AB = H$; das heißt $(ab)^{-1} \in H$, was schließlich beweist, daß H eine Gruppe ist.

Umgekehrt sei vorausgesetzt, daß H = AB eine Gruppe ist. Daher gilt für beliebige Elemente a und b aus A beziehungsweise B: $ab \in H$, $a^{-1}b^{-1} \in H$ und auch $(a^{-1}b^{-1})^{-1} \in H$, also $ba \in H$. Dies bedeutet

$$BA \subset AB. $$

Insbesonder ist $b^{-1}a^{-1} = a_1 b_1$, wobei a_1 und b_1 bestimmte Elemente aus A beziehungsweise B sind. Also ist $(b^{-1}a^{-1})^{-1} = ab = b_1^{-1}a_1^{-1}$, das heißt

$$AB \subset BA. $$

Daraus schließen wir AB = BA.

(ii) Es sei $D = A \cap B$. Da D eine Untergruppe von B ist, können wir B in Nebenklassen bezüglich D zerlegen:

$$B = Dt_1 \cup Dt_2 \cup \ldots \cup Dt_n, \tag{2.53}$$

mit

$$Dt_i \neq Dt_j \quad \text{für } i \neq j \tag{2.54}$$

und

$$n = b/d. \tag{2.55}$$

Wenn wir (2.53) von links mit A multiplizieren und dabei beachten, daß wegen $D \subset A$ AD = A gilt, erhalten wir

$$AB = At_1 \cup At_2 \cup \ldots \cup At_n. \tag{2.56}$$

Wir behaupten, daß keine zwei der Nebenklassen von (2.56) ein Element gemeinsam haben;
denn sonst müßten wir eine Gleichung der Form

$$u_1 t_i = u_2 t_j$$

mit $u_1, u_2 \in A$ und $i \neq j$ haben. Also

$$t_i t_j^{-1} = u_1^{-1} u_2 .$$

Nun gehören aber die Elemente auf der linken Seite wegen (2.53) zu B und die Elemente
auf der rechten Seite gehören zu A. Also bezeichnet jede Seite ein Element aus D. Jedoch
impliziert $t_i t_j^{-1} \in D$, daß $Dt_i = Dt_j$ ist, im Widerspruch zu (2.54). Also sind die Nebenklassen in (2.56) disjunkt und da jede a Elemente enthält, haben wir

$$|AB| = an = ab/d .$$

Das hier verwendete Argument ist klarerweise symmetrisch in A und B, so daß also
auch gilt $|BA| = ab/d$.

16. Doppelte Nebenklassen

Wir sahen auf Seite 28, daß die Zerlegung einer Gruppe in Nebenklassen bezüglich
einer Untergruppe auch als Fall einer Zerlegung einer Menge in Äquivalenzklassen betrachtet werden kann, wobei eine passende Äquivalenzrelation definiert wird.

Wir folgen nun Frobenius *) und diskutieren eine andere Äquivalenzrelation, die zwei
Untergruppen benötigt. Es seien A und B zwei Untergruppen von G, welche nicht verschieden sein müssen und wir bezeichnen zwei Elemente $x, y \in G$ als äquivalent, geschrieben als $x \sim y$, wenn Elemente $u \in A$ und $v \in B$ existieren, mit

$$y = uxv . \tag{2.57}$$

Es ist leicht nachzuprüfen, daß dies eine Äquivalenzrelation auf G ist, denn
   (i) $x \sim x$, weil wir $u = 1$ und $v = 1$ nehmen können,
   (ii) wenn $x \sim y$, dann auch $y \sim x$, weil (2.57) $x = u^{-1} y v^{-1}$ impliziert,
   (iii) wenn $x \sim y$, $y \sim z$ dann ist $y = uxv$, $z = u'yv'$, mit $u' \in A$, $v' \in B$ und weiter
      $z = (u'u)x(vv')$, also $x \sim z$.

Also kann die Menge G in zueinander disjunkte Äquivalenzklassen zerlegt werden,
wie dies aus der Eigenschaft von Äquivalenzrelationen folgt.
Die Äquivalenzklasse, welche x enthält, ist die Teilmenge AxB und wird doppelte Nebenklasse von G in Bezug auf A und B genannt. Wir wählen einen Repräsentanten aus
jeder Klasse und erhalten die Zerlegung

$$G = \bigcup_{i \in I} At_i B , \tag{2.58}$$

wobei I eine endliche oder unendliche Indexmenge ist, die in eineindeutiger Beziehung zur
Menge der verschiedenen doppelten Nebenklassen steht. Es ist klar, daß (2.58) eine Verall-
gemeinerung der Zerlegung in linke oder rechte Nebenklassen ist, wie man sieht, wenn man

---

*) Georg Frobenius, 1849–1917.

für A oder B die triviale Untergruppe $\{1\}$ nimmt. Im Gegensatz zur einfachen Zerlegung sind die doppelten Nebenklassen im allgemeinen nicht alle von der gleichen Mächtigkeit.

Wir wollen den Fall bei einer endlichen Gruppe G weiter verfolgen. Es sei $|G| = g$, $|A| = a$ und $|B| = b$. Zuerst sehen wir, daß At_iB und $(t_i^{-1}At_i)B$ die selbe Mächtigkeit haben, weil wir ihre Elemente durch die Zuordnung $ut_iv \to t_i^{-1}(ut_iv)$ in eineindeutige Beziehung zueinander bringen können. Also

$$|At_iB| = |(t_i^{-1}At_i)B|.$$

Nun ist $t_i^{-1}At_i$ eine Untergruppe (siehe Seite 27) und

$$|t_i^{-1}At_i| = |A| = a.$$

Wenn wir Theorem 5 auf die Untergruppen $t_i^{-1}At_i$ und B anwenden, sehen wir, daß

$$|At_iB| = ab/d_i,$$

gilt, wobei $d_i = |t_i^{-1}At_i \cap B|$ ist. Zusammenfassend erhalten wir das folgende Theorem.

Theorem 6 (Frobenius): Es seien G eine endliche Gruppe der Ordnung g und A und B Untergruppen mit den Ordnungen a beziehungsweise b. Dann gibt es Elemente $t_1, t_2, \ldots, t_r$ aus G derart, daß G die disjunkte Vereinigung von doppelten Nebenklassen ist, nämlich

$$G = At_1B \cup At_2B \cup \ldots \cup At_rB.$$

Die Anzahl der Elemente von At_iB ist ab/d_i, mit

$$d_i = |t_i^{-1}At_i \cap B|$$

und folglich gilt

$$g = ab \sum_{i=1}^{r} d_i^{-1}. \tag{2.59}$$

Übungen

1. Es sei $D = X \cap Y$ und $M = gp\{X, Y\}$, wobei X und Y nichtleere Teilmengen einer Gruppe G sind. Wenn Z eine andere Teilmenge von G ist, zeige:
   $X \cap Y \cap Z = D \cap Z$, $gp\{X, Y, Z\} = gp\{M, Z\}$.
2. Es sei $D = A \cap B$, wobei A und B Untergruppen von G sind. Beweise, wenn $u, v \in At \cap Bs$, mit $s, t \in G$, dann gilt $Du = Dv$. Folgere daraus: wenn $[G : A]$ und $[G : B]$ endlich sind, dann ist $[G : D] \leqslant [G : A]\,[G : B]$. (Theorem von Poincaré.)
3. Beweise, wenn A und B Untergruppen mit zueinander relativ primen Ordnungen sind, dann besteht der Durchschnitt $A \cap B$ nur aus dem Einselement.
4. Beweise, daß eine endliche Gruppe von Nichtprimzahlordnung eine echte Untergruppe enthält.
5. Suche alle Untergruppen von der Ordnung 4 der Diedergruppe der Ordnung 8, (Tabelle (xi), Seite 44).
6. Zeige, daß die Gruppe von Tabelle (v), Seite 11 durch die Relationen
   $c^2 = d^2 = (cd)^3 = 1$
   definiert werden kann.

7. Es sei $\epsilon = \exp(2\pi i/n)$, mit einer positiven ganzen Zahl $n > 1$.

   Beweise: die Matrizen $A = \begin{bmatrix} \epsilon & 0 \\ 0 & 1/\epsilon \end{bmatrix}$, $B = \begin{bmatrix} 0 & 1 \\ 1 & 0 \end{bmatrix}$

   liefern eine treue Darstellung der Diedergruppe $D_n = \mathrm{gp}\{a, b\}$ der Ordnung $2n$, welche durch die definierenden Relationen

   $a^n = b^2 = (ab)^2 = 1$

   gegeben ist.

8. Es sei $\theta = \exp(\pi i/m)$, mit einer positiven Zahl $m > 1$.

   Beweise: die Matrizen $A = \begin{bmatrix} \theta & 0 \\ 0 & 1/\theta \end{bmatrix}$, $B = \begin{bmatrix} 0 & 1 \\ 1 & 0 \end{bmatrix}$

   liefern eine treue Darstellung der *dizyklischen Gruppe* der Ordnung $4m$, die durch die definierenden Relationen

   $a^{2m} = 1$, $b^2 = (ab)^2 = a^m$

   gegeben ist.

9. Zeige, daß eine nichtkommutative Gruppe der Ordnung 12, welche ein Element der Ordnung 6 enthält, entweder zur Diedergruppe oder zur dizyklischen Gruppe derselben Ordnung isomorph ist.

10. Zeige, daß die relativ primen Restklassen modulo 21 eine abelsche (multiplikative) Gruppe bilden, die zu $C_6 \times C_2$ isomorph ist.

11. Es sei $X = \mathrm{gp}\{x\}$, die unendliche von x zyklisch erzeugte Gruppe und $R = \mathrm{gp}\{x^r\}$, mit einer positiven ganzen Zahl r. Zeige, daß $[X:R] = r$ ist.

III. Normalteiler

17. Konjugierte Elemente

Auf Seite 28 haben wir eine Methode diskutiert, wie man eine Gruppe G in bezug auf eine Untergruppe in Äquivalenzklassen zerlegen kann. Wir werden nun eine davon verschiedene Äquivalenzrelation einführen.

Definition 4: Die Elemente a und b heißen *konjugiert* in G, wenn ein Element t aus G existiert, mit der Eigenschaft:

$$b = t^{-1}at. \tag{3.1}$$

Wir sagen, daß t das Element a nach b transformiert; dabei sind wir im speziellen nicht an dem Element, das die Transformation ausführt, interessiert und man sollte beachten, daß für gegebene Elemente a und b es mehrere t geben kann, die (3.1) erfüllen. Die rechte Seite wird manchmal mit a^t abgekürzt, das heißt, wir setzen

$$a^t = t^{-1}at. \tag{3.2}$$

Für den Moment wollen wir $a \sim b$ schreiben, wenn eine Relation (3.1) für irgendein $t \in G$ existiert. Wir beweisen, daß dies eine Äquivalenzrelation ist:

(i) $a \sim a$ (Reflexivität), nimm $t = 1$;

(ii) $b \sim a$ impliziert $a \sim b$ (Symmetrie); denn aus (3.1) folgt $a = tbt^{-1} = (t^{-1})^{-1}bt^{-1}$, also $a \sim b$.

(iii) Aus $a \sim b$ und $b \sim c$ folgt $a \sim c$ (Transitivität); denn wir haben $a = t^{-1}bt$ und $b = s^{-1}cs$ gegeben, also wenn wir b elliminieren $a = (st)^{-1}cst$ und somit $a \sim c$.

Weiter bemerken wir, daß die Konjugation folgender wichtigen Multiplikationsregel unterliegt

$$(xy)^t = x^t y^t, \tag{3.3}$$

wobei x, y, t beliebige Elemente aus G sind. Denn

$$(xy)^t = t^{-1}xyt = (t^{-1}xt)(t^{-1}yt) = x^t y^t.$$

Natürlich kann (3.3) für eine beliebige Anzahl von Faktoren verallgemeinert werden:

$$(x_1 x_2 \ldots x_n)^t = x_1^t x_2^t \ldots x_n^t.$$

Wenn wir in (3.3) $y = x^{-1}$ setzen und bedenken, daß $1^t = 1$ ist, folgern wir

$$1 = x^t(x^{-1})^t,$$

das heißt

$$(x^t)^{-1} = (x^{-1})^t. \tag{3.3'}$$

Wir erinnern, daß mit Hilfe einer Äquivalenzrelation eine Menge in disjunkte Klassen zerlegt werden kann. Jede Klasse besteht aus all jenen Elementen, die zu einem bestimmten Element äquivalent sind. Im vorliegenden Fall sprechen wir von den *Klassen konjugierter*

Elemente (Konjugiertenklassen). Eine solche Klasse, die ein spezielles Element a enthält, wird mit (a) bezeichnet; sie enthält alle zu a konjugierten Elemente, a mit eingeschlossen, also

$$(a) = t_1^{-1} a t_1 \cup t_2^{-1} a t_2 \cup \ldots$$

und wir können annehmen, daß $t_1 = 1$ ist. Wenn b ein nicht in (a) enthaltenes Element ist, dann erzeugt b eine neue Konjugiertenklasse

$$(b) = s_1^{-1} b s_1 \cup s_2^{-1} b s_2 \cup \ldots$$

und die Transitivität der Konjugiertheitsrelation bewirkt, daß (a) und (b) kein Element gemeinsam haben. Wenn wir so weiter fortfahren, erhalten wir die Zerlegung von G in Konjugiertenklassen

$$G = (a) \cup (b) \cup (c) \ldots .$$

Wir nennen $a, b, c, \ldots$ die Repräsentanten der verschiedenen Klassen, doch muß man festhalten, daß diese Repräsentanten nicht eindeutig bestimmt sind; denn tatsächlich gilt $(a) = (a')$ dann und nur dann, wenn $a' = x^{-1} a x$ $(x \in G)$.

Wenn G unendlich ist, kann es unendlich viele Konjugiertenklassen geben und jede Klasse kann unendlich viele Elemente enthalten. Es ist wichtig, genauere Informationen über die Elemente einer gegebenen Klasse zu erfahren und im endlichen Fall die Größe der Klasse zu bestimmen. Offensichtlich besteht die Klasse (1) nur aus dem einzigen Element 1, da für alle t aus G $t^{-1} 1 t = 1$ ist. Um dieses Problem im Detail zu untersuchen, führen wir den Begriff des *Zentralisators* ein. Es sei a ein festes Element aus G und wir bezeichnen mit C(a) die Menge aller Elemente aus G, die mit a kommutieren, also

$$C(a) = \{ t \in G \mid t a = a t \}.$$

Man kann leicht beweisen, daß C(a) eine Untergruppe von G ist. Denn (i), wenn $s, t \in C(a)$, dann gilt $a(st) = sat = (st)a$ also $st \in C(a)$; (ii) $1 \in C(a)$ und (iii) wenn $t \in C(a)$, dann gilt $t^{-1} a = a t^{-1}$, das heißt $t^{-1} \in C(a)$.

Außerdem gilt, solange nicht $G = \{1\}$ ist, $|C(a)| \geqslant 2$; denn für $a = 1$ ist $C(a) = G$ und für $a \neq 1$ enthält C(a) zumindest die Elemente a und 1.

Als weiteres betrachten wir die Nebenklassenzerlegung von G bezüglich C(a), etwa

$$G = \bigcup_i C(a) t_i \quad (i \in I),$$

mit einer passenden Indexmenge I. Wir behaupten, daß die Nebenklassen in einer eineindeutigen Beziehung zu den Elementen von (a) stehen; diese Beziehung wird durch die Abbildung

$$\theta: \; C(a)x \to x^{-1} a x \tag{3.4}$$

aufgestellt. Zuerst müssen wir zeigen, daß θ wohldefiniert ist, das heißt wir müssen berücksichtigen, daß C(a)x auch als C(a)ux mit einem beliebigen Element $u \in C(a)$ geschrieben werden kann. Also müssen wir zeigen, daß die Substitution von ux anstatt x nichts vom Wert der rechten Seite von (3.4) ändert. Tatsächlich gilt wegen $u^{-1} \in C(a)$:

$$(ux)^{-1} a(ux) = x^{-1} u^{-1} a u x = x^{-1} a x .$$

Da x ein beliebiges Element aus G ist, ist θ klarerweise eine surjektive Abbildung auf die Klasse (a). Schließlich sehen wir, daß θ injektiv ist; denn wenn $x^{-1}ax = y^{-1}ay$ gilt, dann ist $xy^{-1} \in C(a)$, also $C(a)x = C(a)y$. Daher ist wie behauptet θ bijektiv.

Wir fassen die Ergebnisse zusammen:

Proposition 7: Es sei a ein Element aus G und $C(a)$ sein Zentralisator. Dann stehen die Elemente der Konjugiertenklasse (a) in eineindeutiger Beziehung zu den Nebenklassen von $C(a)$ in G. Wenn insbesondere der Index von $C(a)$ endlich ist, dann gilt $|(a)| = [G: C(a)]$.

Korollar: Wenn G eine endliche Gruppe der Ordnung g ist und h_a die Anzahl der Elemente von (a), dann gilt $h_a \mid g$.

Beweis: Es sei $|C(a)| = c_a$. Dann gilt nach Proposition 7, daß $h_a = g/c_a$, das heißt $g = c_a h_a$.

Angenommen, die Gruppe G enthält k verschiedene Konjugiertenklassen. Es seien $a_1 (=1), a_2, \ldots, a_k$ die Repräsentanten dieser Klassen und es sei $h_i = |(a_i)|$. Dann ist

$$G = (a_1) \cup (a_2) \cup \ldots \cup (a_k).$$

Daher gilt, wenn man die Elemente auf jeder Seite des Gleichheitszeichens abzählt

$$g = h_1 + h_2 + \ldots + h_k . \tag{3.5}$$

Diese Relation heißt die *Klassengleichung* von G.

18. Das Zentrum

Die Menge Z der Elemente, welche mit jedem Element aus G kommutieren, nennt man das Zentrum von G. Also

$$Z = \{z \mid tz = zt \quad \text{für alle } t \in G\}.$$

Dies ist eine Untergruppe von G; denn (i) wenn $tz_1 = z_1 t$ und $tz_2 = z_2 t$, dann ist $tz_1 z_2 = z_1 t z_2 = z_1 z_2 t$, also $z_1 z_2 \in Z$; (ii) wenn $tz = zt$, dann ist $z^{-1}t = tz^{-1}$, also $z^{-1} \in Z$; (iii) $1 \in Z$. Sicher ist Z immer abelsch, aber es kann auch Z nur die triviale Gruppe $\{1\}$ sein; zum Beispiel besteht in der Gruppe der Ordnung 6 der Tabelle (v), Seite 11 das Zentrum nur aus dem Einselement. Natürlich ist $G = Z$ dann und nur dann, wenn G eine abelsche Gruppe ist.

Ein Element aus dem Zentrum ist dadurch charakterisiert, daß es eine Konjugiertenklasse aus nur einem Element bildet, denn $t^{-1}zt = z$ für alle $t \in G$ bedeutet ja $z \in Z$. Aus diesem Grunde wird ein Element des Zentrums manchmal auch *selbstkonjugiert* genannt. Das folgende Ergebnis ist deshalb interessant, weil es auf die Existenz eines nichttrivialen Zentrums für eine wichtige Klasse von Gruppen hinweist.

Theorem 7: Wenn G eine endliche Gruppe mit der Ordnung p^m ist, wobei p eine Primzahl ist und $m > 0$, dann hat das Zentrum von G die Ordnung p^μ, mit $0 < \mu \leqslant m$.

Beweis: Im vorliegenden Fall wird die Klassengleichung (3.5) zu

$$p^m = h_1 + h_2 + \ldots + h_k , \qquad (3.6)$$

mit $h_\alpha \mid p^m$ $(\alpha = 1, 2, \ldots, k)$. Da p eine Primzahl ist, impliziert dies, daß jedes h_α entweder gleich 1 oder eine Potenz von p ist. Wir wissen schon, daß $h_1 = 1$ ist. Angenommen es gibt genau $l\,(l \geqslant 1)$ Werte von α mit $h_\alpha = 1$. Dann können wir (3.6) in der Form

$$p^m = l + ps ,$$

mit einer ganzen Zahl s schreiben. Es folgt, daß l durch p teilbar ist und weil l positiv ist, erhalten wir $l \geqslant p$. Also gibt es mindestens p selbstkonjugierte Elemente, das heißt, Z ist nicht trivial. Da Z eine Untergruppe von G ist, liefert uns das Theorem von Lagrange: $|Z| = p^\mu$ mit $0 < \mu \leqslant m$.

19. Normalteiler

Der Begriff des Zentralisators kann für eine beliebige nichtleere Teilmenge A von G erweitert werden. So besteht der Zentralisator $C(A)$ von A aus all jenen Elementen von G, die mit jedem Element von A kommutieren, das heißt

$$C(A) = \{ t \mid ta = at \ \text{für alle} \ a \in A \}.$$

Wie zuvor ist der Zentralisator immer eine Untergruppe von G, möglicherweise die triviale. Sie ist tatsächlich der Durchschnitt der Gruppen $C(a)$, wobei a ganz A durchläuft. Wenn wir die Abhängigkeit von der Gruppe G betonen wollen, schreiben wir genauer $C_G(A)$. Man beachte daß generell gilt

$$C_G(G) = \text{Zentrum von } G .$$

Wir kommen nun zu einem anderen Begriff der Vertauschbarkeit: es sei eine nichtleere Teilmenge von A gegeben und wir betrachten die Elemente s aus G, welche

$$sA = As \qquad (3.7)$$

als Relation zwischen Teilmengen erfüllen. (3.7) bedeutet, daß für jedes $a \in A$ zwei Elemente a_1 und a_2 existieren, so daß $sa = a_1 s$ und $as = sa_2$ gilt. Wir überlassen dem Leser den Beweis der Tatsache, daß die Elemente s, die (3.7) erfüllen, eine Untergruppe von G bilden. Diese Untergruppe wird der *Normalisator* von A genannt und wird mit

$$N(A) \ \text{oder exakter mit} \ N_G(A)$$

bezeichnet. Offensichtlich wird jedes Element von $C(A)$ die Relation (3.7) erfüllen, da diese „elementweise" mit den Elementen von A kommutieren. Also gilt

$$C(A) \leqslant N(A) .$$

Aber im allgemeinen ist der Normalisator größer als der Zentralisator.

Wir sind insbesondere an dem Fall interessiert, wenn A eine Untergruppe H von G ist. Wenn x ein beliebiges Element von G ist, dann ist, wie wir auf Seite 27 gesehen haben, $H' = x^{-1}Hx$ auch eine Untergruppe, die zu H isomorph, jedoch im allgemeinen verschieden von H ist. Wir nennen die Untergruppen H und H' konjugiert. Allerdings erzeugen zwei verschiedene konjugierte Elemente x und y dieselben konjugierten Untergruppen.

Denn tatsächlich sind die Gleichungen

$$x^{-1}Hx = y^{-1}Hy \tag{3.8}$$

und $Hxy^{-1} = xy^{-1}H$ äquivalent und deshalb gilt $xy^{-1} \in N(H)$. Also gilt (3.8) dann und nur dann, wenn für ein $s \in N(H)$ gilt: $x = sy$. Die Gruppe H wird ebenfalls zu ihren Konjugierten gezählt und es gilt $H = s^{-1}Hs$ dann und nur dann, wenn $s \in N(H)$.

Offensichtlich ist $H \leqslant N(H)$, weil für $u \in H$ gilt: $u^{-1}Hu = H$ (siehe Proposition 3, Seite 26).

Die interessantesten Untergruppen von G sind jene, die als Normalisator die gesamte Gruppe G besitzen. Wenn $N(H) = G$ ist, dann sagen wir, daß H ein *Normalteiler* oder eine *invariante Untergruppe* von G ist und wir benützen das spezielle Symbol

$$H \triangleleft G.$$

Wir wollen noch etwas länger bei diesen bedeutenden Begriffen verweilen. Ein Normalteiler ist dadurch charakterisiert, daß er außer sich selbst keine konjugierten Untergruppen besitzt, das heißt

$$xH = Hx \quad \text{oder} \quad H = x^{-1}Hx \quad \text{für alle } x \in G. \tag{3.9}$$

Ausführlicher, wenn x ein Element aus G ist und u ein Element eines Normalteilers H, dann existiert ein Element $u' \in H$ mit

$$x^{-1}ux = u'.$$

Um also $H \triangleleft G$ nachzuweisen, reicht es, zu zeigen, daß für alle $x \in G$

$$x^{-1}Hx \subset H \tag{3.10}$$

gilt. Denn, wenn dies der Fall ist, können wir x durch x^{-1} ersetzen und erhalten $xHx^{-1} \subset H$ oder gleichbedeutend dazu

$$H \subset x^{-1}Hx.$$

Dies, zusammen mit (3.10) ergibt $H = x^{-1}Hx$. Jede Gruppe G besitzt die trivialen Untergruppen $\{1\}$ und G als Normalteiler. Eine Gruppe von der Ordnung größer als 1 nennt man *einfach*, wenn sie außer diesen trivialen keine weiteren Normalteiler besitzt. Selbstverständlich sind Gruppen von Primzahlordnung einfach, aber es gibt auch interessante und wichtige Beispiele von einfachen Gruppen, die nicht von Primzahlordnung sind (siehe Seite 119). In einer abelschen Gruppe ist jede Untergruppe automatisch ein Normalteiler, denn die Kommutativität hat (3.9) zur Folge.

Um zu überprüfen, ob H ein Normalteiler von G ist, ist eine der folgenden Vorgangsweisen nützlich:

1. Vorausgesetzt, daß G durch Erzeugende der Form

$$G = gp \{a, b, c, \dots\}$$

gegeben ist (siehe Seite 33). Wenn wir zeigen können, daß

$$a^{-1}Ha = H, \quad b^{-1}Hb = H, \quad c^{-1}Hc = H, \dots$$

gilt, dann gehören $a, b, c, \dots$ zu $N(H)$. Aber diese Elemente erzeugen ganz G und wir folgern $G = N(H)$, das heißt $H \triangleleft G$.

2. Wenn H durch

$$H = gp \{x_1, x_2, x_3, \ldots\}$$

gegeben ist, dann ist $H \lhd G$, wenn für jedes $t \in G$ gilt

$$x_i^t \in H \quad (i = 1, 2, \ldots).$$

Denn nach (3.3) ist es gewährleistet, daß jedes (endliche) Produkt der x unter der Transformation durch t in H bleibt und deshalb gilt $t^{-1} H t \subset H$.

Es sei zum Beispiel G die Diedergruppe der Ordnung 8, gegeben in Tabelle (xi), Seite 44 und es sei

$$H = gp \{a\},$$

die vom Element a zyklisch erzeugte Gruppe der Ordnung 4. Offensichtlich ist $a \in N(H)$. Außerdem ist $bab^{-1} = a^3$ und deshalb $bHb^{-1} \subset H$; aber die Gruppen bHb^{-1} und H sind isomorph und deshalb von derselben Ordnung. Daher ist $bHb^{-1} = H$. Das bedeutet, daß $b(= b^{-1})$ zu $N(H)$ gehört, was $N(H) = G$ beweist.

Wir werden nun einige elementare Tatsachen über Normalteiler zusammenfassen.

(i) Das Zentrum ist immer ein Normalteiler; denn die Bedingung (3.9), nämlich $x^{-1} Z x = Z$, ist durch alle $x \in G$ erfüllt. Tatsächlich haben wir sogar $x^{-1} z x = z$ für jedes Element z aus Z.

(ii) Wenn $N_1, N_2, \ldots, N_r$ Normalteiler sind, dann ist es auch ihr Durchschnitt; denn aus $x^{-1} N_i x = N_i$ $(i = 1, 2, \ldots, r)$ folgern wir, daß gilt:

$$x^{-1} (N_1 \cap N_2 \cap \ldots \cap N_r) x = N_1 \cap N_2 \cap \ldots \cap N_r.$$

(iii) Eine Untergruppe H ist dann und nur dann ein Normalteiler von G, wenn sie die Vereinigung aller ihrer Konjugiertenklassen in G ist, das heißt

$$H = (1) \cup (u) \cup (v) \cup \ldots. \tag{3.11}$$

Denn (3.11) ist offensichtlich gleichwertig mit der Behauptung, daß, wenn immer w zu H gehört, dann gehört für beliebiges x auch $x^{-1} w x$ zu H. Das bedeutet $x^{-1} H x \subset H$ und daher $H \lhd G$.

(iv) Wenn H vom Index 2 in G ist, dann gilt $H \lhd G$. In diesem Fall gibt es genau zwei Nebenklassen von H in G, die eine ist H und die andere ist G\H, das sind jene Elemente von G, die nicht zu H gehören. Aus $t \in G\backslash H$ folgt also G\H = Ht; dasselbe Argument kann auch für linke Nebenklassen verwendet werden, also G\H = tH und daher Ht = tH, mit $t \notin H$. Andererseits ist für $w \in H$: H = Hw = wH. Daher gilt die Gleichung xH = Hx für alle $x \in G$, das heißt $H \lhd G$. Zum Beispiel würde diese Methode sofort beweisen, daß gp {a} ein Normalteiler der Diedergruppe ist.

20. Quotientengruppen (Faktorgruppen)

Die bedeutendste Eigenschaft der Normalteiler besteht in der Tatsache, daß die Familie der Nebenklassen mit einer Gruppenstruktur versehen werden kann.

Wir setzen H ⊲ G voraus und betrachten die Produkte (als Teilmengen) von zwei Nebenklassen Hx und Hy. Da xH = Hx und H^2 = H gilt, erhalten wir

$$HxHy = HHxy = Hxy .\tag{3.12}$$

Also ist das Produkt zweier Nebenklassen wieder eine Nebenklasse. Es ist von entscheiden-
der Bedeutung, daß (3.12) eine echte Relation zwischen Nebenklassen darstellt, die unabhängig vom Repräsentanten ist. Genauer ausgedrückt, behaupten wir, daß aus Hx = Hx′
und Hy = Hy′ die Gleichheit Hxy = Hx′y′ folgt. Denn unsere Annahme impliziert x′ = ux
und y′ = vy, mit u, v ∈ H, also gilt auch x′y′ = uxvy = uv′xy, wobei v′ ein passendes Element aus H ist. Somit haben wir die erforderliche Gleichung Hx′y′ = Hxy.

Wir können diese Tatsache auch auf etwas andere Weise darstellen, wenn wir den
Begriff der Äquivalenzrelation bezüglich H verwenden. Wie in Kapitel II, Seite 28 schreiben wir x ~ x′, wenn ein Element u ∈ H existiert, mit x′ = ux. Da Hx = xH gilt, könnten wir andererseits mit einem passenden Element u′ ∈ H auch x′ = xu′ festsetzen. Die
Äquivalenzklasse [x] eines Elementes x ∈ G ist daher mit der Nebenklasse Hx (=xH)
identisch und (3.12) drückt somit eine Multiplikation für Äquivalenzklassen aus, nämlich

$$[x] [y] = [xy] ,\tag{3.13}$$

welche unabhängig von den Repräsentanten der Klassen ist.

Durch (3.12) ist die Familie der Nebenklassen unter der Multiplikation von Teilmengen abgeschlossen. Tatsächlich bildet diese Familie sogar eine Gruppe. Es ist keine Schwierigkeit, die Gültigkeit des Assoziativgesetzes nachzuweisen, da dieses ja für alle Teilmengen
gilt (siehe Seite 24). Bei der Multiplikation mit Nebenklassen ist H, als Nebenklasse betrachtet, das Einselement, weil

$$H(Ht) = (Ht)H = Ht .$$

Schließlich ist das Inverse von Ht gleich Ht^{-1}, da $(Ht)(Ht^{-1}) = H = (Ht^{-1})(Ht)$. Die so
konstruierte Gruppe wird mit G/H bezeichnet und heißt die *Quotientengruppe* (oder
Faktorgruppe) von G nach H. Die Ordnung von G/H ist gleich dem Index von H in G,
das heißt

$$|G/H| = [G:H] .\tag{3.14}$$

Die Einführung der Quotientengruppe ist in der Gruppentheorie von grundlegender Wich-
tigkeit und sogar einer der bedeutendsten Begriffe in der Mathematik. Wir wiederholen
daher einige der wesentlichen Punkte:

1. Die Elemente von G/H sind die verschiedenen Nebenklassen von H, die Verknüpfungsregel ist die der Multiplikation von Teilmengen (oder Addition von Teilmengen, wenn G
   additiv geschrieben wird, siehe Seite 31).

2. Das Einselement (neutrales Element) ist die Gruppe H, als eine ihrer Nebenklassen
   betrachtet.

3. Es ist unwesentlich, ob wir linke oder rechte Nebenklassen verwenden, denn weil H
   Normalteiler ist, gilt Ht = tH.

4. Es sei erinnert, daß die Repräsentanten einer bestimmten Nebenklasse nicht eindeutig
   bestimmt sind (siehe Seite 29).

5. Der Begriff Quotientengruppe und die Bezeichnung G/H wird nur dann verwendet, wenn H ein Normalteiler ist.

Wir werden nun den Begriff der Quotientengruppe anhand einiger Beispiele näher erläutern:

(i) Es sei Z die additive Gruppe der ganzen Zahlen und es sei $m > 1$ eine feste ganze Zahl. Dann bildet die Menge

$$H: 0, \pm m, \pm 2m, \ldots, \pm km, \ldots$$

eine Untergruppe von Z und da Z abelsch ist, ist H ein Normalteiler. Es sei x eine beliebige ganze Zahl, dann können wir $x = qm + r$, mit $0 \leqslant r < m$ schreiben. Da qm in H liegt, liegt x in der Nebenklasse $H + r$ (siehe Seite 31). Gemäß den möglichen Werten von r sehen wir, daß

$$H \,(= H + 0), \; H + 1, \ldots, H + (m - 1) \tag{3.15}$$

alle verschiedenen Nebenklassen, also die Elemente von Z/H sind. Die Nebenklassen stehen in eineindeutiger Beziehung zu den Elementen von Z_m (siehe (1.17)). Wenn wir für einen Moment die Elemente von Z_m mit $\bar{0}, \bar{1}, \ldots, \overline{m - 1}$ bezeichnen, können wir die Beziehung formal

$$H + r \to \bar{r}$$

anschreiben. Wir beobachten nun, daß diese Zuordnung mit der Verknüpfungsregel verträglich ist. Denn es gilt

$$(H + r) + (H + s) = H + t \,,$$

wobei $t \equiv r + s \,(\mathrm{mod}\, m)$ und $0 \leqslant t < m$, ebenso wie

$$\bar{r} + \bar{s} = \bar{t}$$

in Übereinstimmung mit der Verknüpfungsregel in Z. Damit schließen wir

$$Z/H \cong Z_m \,.$$

(ii) In der Quaternionengruppe (Tabelle (xii), Seite 44) kommutiert das Element $a^2 = b^2$ offensichtlich mit den Elementen a und b und daher mit jedem Element, da ja a und b die gesamte Gruppe erzeugen. Daher ist

$$H = 1 \cup a^2 \;\; (a^4 = 1)$$

ein Normalteiler (ja sogar das Zentrum). Die Elemente von G/H lauten

$$H, Ha, Hb, Hab \,, \tag{3.16}$$

denn wir wissen von vornherein, daß es $[G: H] = 8/2 = 4$ Nebenklassen gibt und die Nebenklassen (3.16) sind alle verschieden, was leicht nachgeprüft werden kann; zum Beispiel ist $Hb = b \cup a^2 b$. Nun ist G/H eine Gruppe der Ordnung 4 und muß daher entweder zu C_4 oder zu $C_2 \times C_2$ isomorph sein (siehe Seite 39). Die Frage wird dadurch beantwortet, wenn man bemerkt, daß das Quadrat eines jeden Elementes von G/H das Einselement ergibt; denn tatsächlich ist $(Ha)^2 = Ha^2 = H$, da $a^2 \in H$; ähnlich ist $Hb^2 = H$. Schließlich, da G/H notwendigerweise abelsch (weil von der Ordnung 4) ist, haben wir

$$(Hab)^2 = (Ha)^2 (Hb)^2 = H \,.$$

Daher ist $G/H \cong C_2 \times C_2$ (siehe auch Proposition 6, Seite 38).

(iii) Es sei $G = GL(n, F)$ die allgemeine lineare Gruppe vom Grad n über F (siehe Beispiel (iv), Seite 8), das ist die Menge aller nichtsingulären $n \times n$ Matrizen $a = (a_{ij})$ mit Elementen aus F. Dann bilden die Matrizen mit der Determinante 1 eine Untergruppe U. Denn wenn $\det u = \det v = 1$ ist, dann ist auch $\det(uv) = 1$; auch $\det u^{-1} = 1$; die Einheitsmatrix gehört auch zu U. Zusätzlich ist $U \lhd G$, denn für $x \in G$ ist $\det(x^{-1} ux) = \det u = 1$. Nun ist leicht einzusehen, daß zwei Matrizen a und b genau dann zur selben Nebenklasse von U gehören, wenn $\det a = \det b$ gilt; denn dies ist wegen $\det(ab^{-1}) = 1$ äquivalent zu $ab^{-1} \in U$. Klarerweise kann die Determinante jeden von null verschiedenen Wert aus F annehmen. Die Menge der von null verschiedenen Werte von F wird oft mit $F^\times$ bezeichnet. Also ist

$$G/U \cong F^\times .$$

Ein Vertretersystem für U (siehe Seite 29) wird zum Beispiel durch die Diagonalmatrizen $\mathrm{diag}(d, 1, \ldots, 1)$ geliefert, wobei d ganz $F^\times$ durchläuft.

Schließlich führen wir noch ein Ergebnis über das Zentrum an, das manchmal sehr nützlich sein kann.

Proposition 8: Wenn G eine nichtabelsche Gruppe mit dem Zentrum Z ist, dann ist G/Z niemals zyklisch.

Beweis: Wäre G/Z eine zyklische Gruppe, dann könnten alle Nebenklassen von Z als Zt^i, mit einem passenden $t \in G$, $t \notin Z$ und $i = 0, \pm 1, \pm 2, \ldots$ angeschrieben werden. Wenn nun y und x beliebige Elemente aus G sind, die zu den Nebenklassen Zt^k beziehungsweise Zt^l gehören, müßte gelten

$$x = z_1 t^k, \quad y = z_2 t^l ,$$

mit $z_1, z_2 \in Z$. Daher

$$xy = z_1 t^k z_2 t^l = z_1 z_2 t^{k+l} = yx ,$$

das heißt, G wäre abelsch im Widerspruch zu unserer Annahme.

Korollar: Eine Gruppe der Ordnung p^2, wobei p eine Primzahl ist, ist notwendigerweise abelsch.

Beweis: Nach Theorem 7 ist $|Z|$ gleich p oder p^2. Wenn $|Z| = p^2$, dann ist $Z = G$ und die Gruppe ist abelsch. Wenn nicht, dann ist $|Z| = p$ und $|G/Z| = p$. Also wäre G/Z zyklisch, was durch die vorgehende Proposition ausgeschlossen wurde.

21. Homomorphismen

Die Struktur einer Gruppe ist durch die Verknüpfungsregel bestimmt, die allen möglichen Produkten ab einen Wert zuweist. In Kapitel I, Seite 12 haben wir die Situation diskutiert, in welcher zwei Gruppen isomorph sind, das heißt, daß diese dieselbe Struktur besitzen. Wir betrachten nun eine allgemeinere Beziehung, in welcher Gruppen „ähnliche"

Strukturen besitzen; oder um den griechischen Ausdruck zu verwenden, wir werden uns mit *homomorphen* Gruppen beschäftigen. Um diesen Begriff zu präzisieren, setzen wir voraus, daß eine Abbildung

$$\theta: G \to G'$$

von einer Gruppe G in eine Gruppe G' gegeben sei. Wie zuvor, bezeichnen wir das Bild von $x \in G$ mit $x\theta$, so daß also $x' = x\theta$ das eindeutig bestimmte Element aus G' ist, das zu x durch die Abbildung θ zugeordnet wird. Wir sagen, daß θ eine homomorphe Abbildung oder kürzer ein *Homomorphismus* von G in G' ist, wenn für alle $x, y \in G$ gilt:

$$(x\theta)(y\theta) = (xy)\theta \,. \tag{3.17}$$

Dies ist die einzige Bedingung, die wir von θ fordern. Die folgenden Punkte sollte man sich sorgfältig einprägen:

(i) Es seien 1 und $1'$ die Einselemente von G beziehungsweise G'. Wenn wir $x = y = 1$ nehmen, gilt $(1\theta)^2 = 1\theta$. Also ist 1θ ein idempotentes Element in G' und daher (Seite 5) gilt

$$1\theta = 1' \,, \tag{3.18}$$

das heißt, jeder Homomorphismus bildet das Einselement aus G auf das Einselement von G' ab. Weiter setzen wir $y = x^{-1}$ und folgern aus (3.17):

$$x^{-1}\theta = (x\theta)^{-1} \,. \tag{3.19}$$

(ii) Wir verlangen nicht, daß die Abbildung eineindeutig ist. Also kann es passieren, daß trotz $x_1 \neq x_2$ die Gleichheit $x_1\theta = x_2\theta$ auftreten kann. Wenn aber die Gleichung $x_1\theta = x_2\theta$ immer $x_1 = x_2$ impliziert, dann sagen wir, θ ist ein *Monomorphismus* oder θ ist *injektiv*.

(iii) Im allgemeinen braucht θ nicht surjektiv zu sein. Mit anderen Worten, es kann Elemente aus G' geben, die nicht das Bild eines Elementes aus G sind. Die Menge der Bilder unter θ wird mit $\text{im}\theta$ oder einfacher mit $G\theta$ bezeichnet; es ist leicht zu sehen, daß $G\theta$ eine Untergruppe von G' ist (die mit G' zusammenfallen kann); tatsächlich gibt es für $x', y' \in G'$ Elemente $x, y \in G$ mit $x' = x\theta$ und $y' = x\theta$. Also ist $x'y' = (xy)\theta \in G\theta$. Auch gilt wegen (3.18) $1' \in G\theta$ und wenn $x' \in G\theta$ ist, dann auch $(x')^{-1} \in G\theta$. Wenn andererseits θ surjektiv ist, das heißt, wenn

$$G\theta = G' \tag{3.20}$$

gilt, dann nennen wir θ einen *Epimorphismus*. Ein Isomorphismus (im vorhergehenden Sinne) ist dadurch charakterisiert, daß er sowohl injektiv, als auch surjektiv ist oder kürzer, daß er *bijektiv* ist. In diesem Falle werden wir unsere Schreibweise $G \cong G'$ beibehalten.

Wir werden nun die bedeutende Tatsache feststellen, daß jeder Homomorphismus von G mit der Existenz eines Normalteilers von G verbunden ist. Es sei K die Menge der Elemente aus G, die auf das Element $1'$ abgebildet werden. Diese Menge wird der *Kern* von θ genannt und oft als $\text{ker}\theta$ geschrieben. Zuerst werden wir zeigen, daß K eine Untergruppe von G ist; für $u, v \in K$ ist $u\theta = v\theta = 1'$ und daher wegen (3.17) $(uv)\theta = 1'$;

auch ist wegen (3.18) $1 \in K$ und wegen (3.19) auch $u^{-1} \in K$. Zusätzlich ist K sogar Normalteiler, denn für $x \in G$ und $u \in K$ gilt

$$(x^{-1}ux)\theta = (x\theta)^{-1}(u\theta)(x\theta) = (x\theta)^{-1}1'(x\theta) = 1',$$

was $x^{-1}ux \in K$ bedeutet. Damit haben wir nachgewiesen, daß (3.10) für die Gruppe K gilt, also

$$K \lhd G. \tag{3.21}$$

Natürlich kann der Kern nur aus einem einzigen Element, dem Einselement bestehen. In diesem Falle ist es nützlich, sich die folgende Aussage zu merken.

Proposition 9: Der Homomorphismus ist dann und nur dann injektiv, wenn gilt:
$$\ker\theta = \{1\}.$$

Beweis: Angenommen, θ ist injektiv und es sei $u \in \ker\theta$. Dann ist $u\theta = 1' = 1\theta$. Daher ist $u = 1$, weil θ injektiv ist. Umgekehrt gelte nun $\ker\theta = \{1\}$ und $x\theta = y\theta$. Dann gilt $(xy^{-1})\theta = (x\theta)(y\theta)^{-1} = 1'$. Also ist $xy^{-1} \in \ker\theta$ und deshalb $xy^{-1} = 1$, das heißt $x = y$, was die Injektivität von θ beweist.

Indem wir wieder zum allgemeinen Fall zurückkehren, sind wir nun in der Lage, eine der bedeutendsten Aussagen in der Gruppentheorie zu beweisen.

Theorem 8 (Erster *) Isomorphiesatz): Es sei $\theta: G \to G'$ ein Homomorphismus von G nach G' mit der Bildgruppe $G\theta$ und dem Kern K. Dann gilt

$$G/K \cong G\theta. \tag{3.22}$$

Beweis: Wir müssen zwischen den zwei in (3.22) angeführten Gruppen einen bijektiven Homomorphismus konstruieren. Dies liefert uns die Abbildung ϕ, die in engem Zusammenhang zu θ steht oder wie man sagt, von θ „induziert" wird, jedoch im allgemeinen davon verschieden ist. Wir erinnern uns, daß die Elemente von G/K die Nebenklassen Kx sind, während die Elemente von $G\theta$ von der Form $x\theta$ sind, mit $x \in G$ und alle Elemente von Kx dasselbe Bild besitzen. Es ist daher naheliegend, zu untersuchen, ob die durch die Relation

$$(Kx)\phi = x\theta \tag{3.23}$$

definierte Abbildung ein bijektiver Homomorphismus ist. Dies wird sich auch als richtig herausstellen, jedoch muß man noch rechtfertigen, daß die Abbildung ϕ durch (3.23) wirklich definiert ist. Denn wir wissen, daß das Element x, das die Nebenklasse Kx erzeugt, nicht eindeutig bestimmt ist (Proposition 5, Seite 28) und wir haben uns zu überzeugen, daß, wenn immer

$$Kx = Ky \tag{3.24}$$

gilt, dies $x\theta = y\theta$ impliziert. Nur dann ist ϕ durch (3.23) wohldefiniert und störende Unstimmigkeiten werden vermieden. Nun ist (3.24) gleichbedeutend mit $y = ux$, wobei $u \in K$ gilt. Nach der Definition von K ist $u\theta = 1'$ und daher $y\theta = u\theta\, x\theta = x\theta$ wie ver-

---

*) Wie wir sehen werden, gibt es verschiedene Isomorphiesätze. Unglücklicherweise besteht aber über ihre Numerierung in der Literatur keine Einstimmigkeit.

langt. Wir können nun fortfahren und zeigen, daß ϕ alle die Eigenschaften besitzt die wir benötigen.

1. ϕ ist ein Homomorphismus; denn

$$(Kx)\phi(Ky)\phi = x\theta y\theta = (xy)\theta = (Kxy)\phi.$$

2. ϕ ist surjektiv; dies gilt offensichtlich, denn in (3.23) kann x jedes beliebige Element aus G sein, so daß alle Bildelemente $x\theta$ durch ϕ erreicht werden.

3. ϕ ist injektiv; wir müssen zeigen, daß

$$(Kx)\phi = (Ky)\phi \tag{3.25}$$

$Kx = Ky$ impliziert. Aus (3.25) folgt aber nach der Definition von ϕ: $x\theta = y\theta$. Dies bedeutet $xy^{-1} \in K$, was äquivalent zu $Kx = Ky$ ist.

Damit ist der Beweis beendet. Wir können das Theorem auch durch die Aussage umschreiben, daß jedes homomorphe Bild von G zu einer Faktorgruppe von G, nämlich der Faktorgruppe nach dem Kern isomorph ist.

Um das Bild abzurunden, führen wir noch an, daß jeder Normalteiler von G als Kern eines passenden Homomorphismus auftritt. Es sei $N \lhd G$. Dann betrachten wir die Abbildung $\nu: G \to G/N$, definiert durch

$$x\nu = Nx \quad (x \in G). \tag{3.26}$$

In diesem Fall ist $G' = G/N$. Man kann leicht nachweisen, daß (3.26) ein Homomorphismus ist; denn:

$$(x\nu)(y\nu) = NxNy = Nxy = (xy)\nu.$$

Klarerweise ist ν tatsächlich ein Epimorphismus, denn in (3.26) kann x jedes Element aus G sein, so daß ganz G/N damit überdeckt wird. Der Kern von ν besteht aus den Elementen $u \in G$ mit $Nu = N$ (das Einselement in G/N); dies ist zur Bedingung $u \in N$ gleichwertig. Also ist $\ker \nu = N$. Die so definierte Abbildung heißt der *natürliche Homomorphismus* von G auf G/N.

Um dies besser verständlich zu machen, untersuchen wir die Gruppe $G = GL(n, F)$ (siehe Beispiel (iii), Seite 57). Für $a \in F$ betrachten wir den Homomorphismus

$$\delta: G \to F,$$

definiert durch

$$a\delta = \det a.$$

In diesem Fall ist $G\delta = F^{\times}$ und der Kern besteht aus der Gruppe $U = \{a \mid \det a = 1\}$. Dies ist automatisch ein Normalteiler von G. Nach Theorem 8 haben wir dann wie zuvor

$$G/U \cong F^{\times}.$$

Der Erste Isomorphiesatz gibt uns einen klareren Einblick auf die Wirkung eines Homomorphismus $\theta: G \to G'$: alle Elemente von Kx haben dasselbe Bild $x' = x\theta$; insbesondere wird die Bildgruppe $G\theta$, falls $|K|$ endlich ist, genau $|K|$ mal überlagert. Wenn der Index $[G:K]$ endlich ist, gilt außerdem

$$|G\theta| = [G:K]. \tag{3.27}$$

22. Untergruppen von Quotientengruppen

Es sei $N \lhd G$ ein Normalteiler von G. Wir wollen die Untergruppen von G/N untersuchen und ihre Beziehungen zu den Untergruppen von G studieren. Um Verwirrungen zu verhindern, wird es zeitweise notwendig sein, eine etwas ausführlichere Bezeichnung für die Elemente von G/N einzuführen.

Ein Element von G/N wird nun als (Nx) angeschrieben, um es von der Teilmenge Nx zu unterscheiden, die aus $|N|$ Elementen von G besteht. Eine Untergruppe A' von G/N ist eine Familie von Elementen, etwa

$$A' = (N) \cup (Na) \cup (Nb) \cup \dots, \tag{3.28}$$

welche in bezug auf die Multiplikation in G/N die Gruppenaxiome erfüllen. Wenn wir die Klammern weglassen, erhalten wir die Teilmenge

$$A = N \cup Na \cup Nb \cup \dots \tag{3.29}$$

von G. Wir behaupten, daß A tatsächlich eine Untergruppe von G ist. Offensichtlich ist $N \subset A$ und daher $1 \in A$. Weiter, wenn x und y Elemente aus A sind, dann sind (Nx) und (Ny) Elemente aus A' ; weil A' eine Gruppe ist, ist $(Nxy) \in A'$ was $xy \in A$ impliziert. Schließlich, wenn $x \in A$, dann ist $(Nx)^{-1} \in A'$, also $x^{-1} \in A$. Damit haben wir nachgewiesen, daß A eine Gruppe bildet, genauer:

$$N \leqq A \leqq G. \tag{3.30}$$

Wenn umgekehrt A eine Untergruppe von G ist, die (3.30) erfüllt, dann gilt auch $N \lhd A$; denn die Relation $x^{-1} N x$ gilt für alle $x \in G$, insbesondere auch für jene x, die in A liegen. Es ist deshalb erlaubt, die Faktorgruppe A/N zu bilden. Wenn nun (3.29) die Zerlegung von A in seine Nebenklassen darstellt, dann erhalten wir nach Einfügen der Klammern die Gruppe A/N, die eine Untergruppe von G/N ist. Natürlich führen verschiedene Untergruppen A' und B' von G/N zu verschiedenen Untergruppen A und B von G, die jeweils N enthalten und umgekehrt. Somit gibt es eine eineindeutige Beziehung zwischen den Untergruppen von G/N und jenen Untergruppen von G, die N enthalten.

Es ist interessant, herauszufinden, wie die Normalteiler von G/N in diesem Zusammenhang beschrieben werden können. Wir wollen annehmen, daß so eine Untergruppe in der Form A/N gegeben sei, wobei A (3.30) erfüllt. Nun gilt

$$A/N \lhd G/N \tag{3.31}$$

dann und nur dann, wenn für jedes $x \in G$ und für jedes $a \in A$ gilt

$$(Nx)^{-1} (Na) (Nx) = (Nx^{-1}ax) \in A/N,$$

und dies ist gleichbedeutend mit der Bedingung

$$x^{-1}ax \in A,$$

mit anderen Worten, mit $A \lhd G$. Wir fassen zusammen:

Proposition 10: Alle Untergruppen von G/N können in der Form A/N mit

$$N \leqslant A \leqslant G$$

ausgedrückt werden. A/N ist dann und nur dann Normalteiler von G/N, wenn gilt

$$N \lhd A \lhd G.$$

Innerhalb von G/N können wir unter der Voraussetzung daß (3.31) gilt, wieder die Quotientengruppe

$$(G/N)/(A/N)$$

bilden. Glücklicherweise ergeben sich die Quotientenbildungen von Quotientengruppen als weniger kompliziert, wenn wir das nächste Theorem anwenden.

Theorem 9 (Zweiter Isomorphiesatz): Es sei N ◁ G und A als ein Normalteiler von G mit

$$N \lhd A \lhd G$$

vorausgesetzt. Dann gilt

$$(G/N)/(A/N) \cong G/A. \tag{3.32}$$

Beweis: Man betrachte die Abbildung

$$\phi : G/N \to A/N,$$

die durch die Vorschrift

$$(Nx)\phi = (Ax) \quad (x \in G) \tag{3.33}$$

definiert ist. Zuerst müssen wir überprüfen, ob (3.33) wirklich eine sinnvolle Definition ist. Das Element x auf der linken Seite kann durch ux, mit $u \in N$, ersetzt werden, ohne daß dadurch sich die Nebenklasse Nx ändert; wir haben zu zeigen, daß diese Substitution nichts auf der rechten Seite von (3.33) ändert. Da aber $N \leqslant A$ gilt, haben wir $u \in A$, somit Au = A (Proposition 3, Seite 26) und folglich auch wie verlangt Aux = Ax. Danach können wir sehen, daß ϕ ein Homomorphismus ist; denn wegen der Normalität von A gilt

$$(Nx)\phi(Ny)\phi = (Ax)(Ay) = (Nxy)\phi.$$

Klarerweise ist ϕ surjektiv, weil in (3.33) jedes Element x aus G genommen werden kann und deshalb scheinen auf der rechten Seite alle Nebenklassen von A auf; also

$$(G/N)\phi = G/A. \tag{3.34}$$

Es bleibt noch der Kern von ϕ zu berechnen. Nun ist aber, dann und nur dann $(Nx) \in \ker \phi$, wenn $(Ax) = (A)$ das Einselement von G/A ist. Dies ist gleichwertig mit der Bedingung $x \in A$. Daher ist $\ker \phi$ die Vereinigung aller Nebenklassen (Na), wobei a ganz A durchläuft oder mit anderen Worten

$$\ker \phi = A/N. \tag{3.35}$$

Wenn wir (3.34) und (3.35) verwenden sehen wir, daß (3.32) eine unmittelbare Konsequenz des ersten Isomorphiesatzes ist.

Wir kehren noch einmal zum allgemeinen Fall eines Homomorphismus

$$\theta : G \to G' \tag{3.36}$$

zurück und fragen, wie diese Abbildung auf eine gegebene Untergruppe A von G wirkt.

Das heißt, wir betrachten die Einschränkung der Abbildung θ

$$\theta_A : A \to G', \tag{3.37}$$

die in einleuchtender Weise durch die Regel

$$a\theta_A = a\theta \quad (a \in A)$$

definiert ist. Es scheint etwas pedantisch, dafür ein neues Symbol θ_A zu verwenden und tatsächlich wird manchmal auch der Unterschied zwischen θ und θ_A ignoriert. Jedoch sollte betont werden, daß (3.36) und (3.37) verschiedene Abbildungen sind, weil sie verschiedene „Definitionsbereiche" besitzen. Wie bei allen Homomorphismen ist die Bildgruppe

$$A' = A\theta_A \quad (= A\theta)$$

eine Untergruppe von G', während der Kern klarerweise aus jenen Elementen von A besteht, die im Kern von θ liegen, das heißt

$$\ker\theta_A = A \cap \ker\theta . \tag{3.38}$$

Es lohnt sich, die Wirkung des natürlichen Epimorphismus

$$\nu\colon G \to G/N, \ x\nu = (Nx)$$

im Detail zu betrachten, wenn er auf eine Untergruppe von A von G eingeschränkt wird. Die Bildgruppe kann explizit mit

$$A' = A\nu_A = \bigcup_a (Na) \tag{3.39}$$

angeschrieben werden, wobei a ganz A durchläuft, obgleich beachtet werden muß, daß die Vereinigung auch überflüssige Terme enthalten kann. Andererseits ist A' eine Untergruppe von G/N und muß daher, wie wir auf Seite 61 gesehen haben, die Gestalt $A' = B/N$ mit $N \leqslant B \leqslant G$ haben.

Im gegenständlichen Fall können wir nicht sagen, daß A gleich B ist, da A gar nicht N enthalten muß und daher A/N ein sinnloser Ausdruck wäre. Die Regel, wie wir B auffinden können, ist auf Seite 61 gegeben und besteht einfach darin, die Klammern in (3.39) wegzulassen, also

$$B = \bigcup Na, \quad (a \in A) .$$

Dies kann bündig in der Schreibweise der Teilmengen mit

$$B = NA$$

ausgedrückt werden. Es ist sehr instruktiv, mit verschiedenen Methoden die Gruppeneigenschaft von B nachzuweisen. Denn, da N normal ist, gilt $Na = aN$ für jedes $a \in A$ und daher ist $NA = AN$. Also ist B nach dem Produktsatz (Seite 45) eine Gruppe. Damit erkennen wir

$$A\nu_A = NA/N . \tag{3.40}$$

Wegen $\ker\nu = N$ leiten wir von (3.38) ab, daß

$$\ker\nu_A = A \cap N \tag{3.41}$$

gilt und da $A \cap N$ ein Kern ist, ist es ein Normalteiler in A.

Der erste Isomorphiesatz auf ν_A angewendet ergibt:

$$A/\ker \nu_A \cong A\nu_A .$$

Wenn wir (3.40) und (3.41) hier einsetzen, erhalten wir somit das folgende Ergebnis.

Theorem 10 (Dritter Isomorphiesatz): Es sei N ein Normalteiler und A eine beliebige Untergruppe von G. Dann gilt:

$$A/(A \cap N) \cong NA/N.$$

Es ist der Mühe wert, in diesem Zusammenhang das innere Produkt (Seite 38) von zwei Normalteilern zu untersuchen. Wenn

$$G = H \times K \tag{3.42}$$

ist, dann kommutiert jedes Element aus H mit jedem Element aus K; also gilt für $v \in K$ sicherlich $v^{-1}Hv = H$. Auch gilt $u^{-1}Hu = H$ für $u \in H$ (Proposition 3, Seite 26). Weil jedes Element $x \in G$ als $x = uv$ angeschrieben werden kann, folgt $x^{-1}Hx = H$. Daher ist $H \lhd G$ und gleicherweise auch $K \lhd G$, das heißt *in einem direkten Produkt ist jeder Faktor ein Normalteiler.*

Weiter sehen wir, daß gilt

$$G/K \cong H. \tag{3.43}$$

Dies folgt sofort aus dem Dritten Isomorphiesatz, wenn wir $K = N$, $H = A$ setzen und bedenken, daß $KH = H \times K$ und $H \cap K = \{1\}$ ist. Andererseits können wir aber auch direkt argumentieren und sehen, daß jede Nebenklasse von K in G von der Form Ku mit $u \in H$ ist. Denn für ein beliebiges Element $x = uv$ ($u \in H$, $v \in K$) gilt $Kx = Kuv = kvu = Ku$, da $Kv = K$. Außerdem, wenn $Ku_1 = Ku_2$ mit $u_1, u_2 \in H$ gilt, dann ist $u_1 u_2^{-1} \in H \cap K = \{1\}$ und daher $u_1 = u_2$. Also liefert

$$Ku \to u$$

einen bijektiven Homomorphismus zwischen den Gruppen G/K und H.

Offensichtlich gilt auf Grund der Beziehung

$$(u, v) \leftrightarrow (v, u), \quad (u \in H, \ v \in K)$$

die Isomorphie

$$H \times K \cong K \times H.$$

23. Die Kommutatorgruppe

Zu je zwei Elementen y und x einer Gruppe G definieren wir deren *Kommutator* mit

$$[x, y] = x^{-1}y^{-1}xy .$$

Natürlich ist dann und nur dann $[x, y] = 1$, wenn $xy = yx$ gilt. Wir sind nun an der Menge aller Kommutatoren $[x, y]$ interessiert, wobei x und y ganz G durchlaufen. Diese Menge wird im allgemeinen keine Gruppe bilden, weil das Produkt von zwei Kommutatoren sich nicht immer wieder als ein einziger Kommutator anschreiben läßt. (Es ist eine eigenartige

Tatsache, daß dieser Mißstand nur bei ziemlich komplizierten Gruppen zu Tage tritt.) Jedenfalls können wir aber die von allen Kommutatoren erzeugte Gruppe bilden; diese Gruppe nennt man die *Kommutatorgruppe* oder die *abgeleitete Gruppe* von G und wird üblicherweise mit G' bezeichnet:

$$G' = \mathrm{gp}\, \{[x, y] \mid x, y \in G\}. \tag{3.44}$$

Ein Element von G besteht also aus einem endlichen Produkt von Kommutatoren. Offensichtlich gilt $G' = \{1\}$, dann und nur dann, wenn G abelsch ist. Die Haupteigenschaften von G' sind im folgenden Theorem zusammengefaßt:

Theorem 11: (i) Die Kommutatorgruppe G' ist ein Normalteiler von G und die Quotientengruppe G/G' ist abelsch.
(ii) Wenn für einen Normalteiler H von G gilt, daß G/H abelsch ist, dann ist $G' \leqslant H$.

Beweis: (i) Um zu zeigen, daß $G' \lhd G$ gilt, reicht es, für alle $t \in G$ zu beweisen:

$$[x, y]^t \in G'$$

(siehe (3.2) und (3.10)). Auf Grund der Regeln (3.3) und (3.3)$'$ haben wir

$$[x, y]^t = [x^t, y^t].$$

Da die rechte Seite ein Kommutator ist, gehört er zu G', also $G' \lhd G$. Wir werden zeigen, daß die Nebenklassen $G'x$ und $G'y$ kommutieren oder mit einer anderen Bezeichnung, daß gilt

$$[G'x, G'y] = G'.$$

Nun ist

$$[G'x, G'y] = (G'x)^{-1}(G'y)^{-1}(G'x)(G'y) = G'x^{-1}y^{-1}xy = G'\,[x, y] = G',$$

weil $[x, y] \in G'$. Also ist G/G' abelsch.

(ii) Wenn $H \lhd G$ gilt, können wir die obigen Berechnungen mit H anstelle von G ausführen und sehen, daß gilt

$$[Hx, Hy] = H[x, y].$$

Wenn G/H abelsch ist, wird die linke Seite zum Einselement H von G/H und wir leiten davon ab, daß $[x, y]$ in H liegt. Da x und y beliebig waren folgt, daß jeder Generator von G' in H liegt und somit auch $G' \leqslant H$.

Wir beschließen diesen Abschnitt mit folgendem Ergebnis.

Proposition 11: Es seien A und B zwei Normalteiler von G mit $A \cap B = \{1\}$. Dann ist jedes Element von A mit jedem Element von B vertauschbar.

Beweis: Betrachte den Kommutator

$$c = a^{-1}b^{-1}ab,$$

mit beliebigen Elementen a und b aus A beziehungsweise B. Da $A \lhd G$ ist, gilt $a_1 = b^{-1}ab \in A$ und daher auch $c = a^{-1}a_1 \in A$; analog ist auch $c \in B$. Daher ist $c \in A \cap B = \{1\}$, also $c = 1$, das heißt $ab = ba$.

24. Automorphismen

Ein interessanter Fall eines Isomorphismus liegt dann vor, wenn die Bildgruppe mit G zusammenfällt. Ein Isomorphismus

$$\alpha\colon G \to G$$

von G auf sich selbst heißt ein *Automorphismus* von G. α ist also auch eine bijektive Abbildung von G auf sich selbst, das heißt α permutiert die Elemente von G. Natürlich ist die Umkehrung davon nicht wahr, da ja α noch

$$(xy)\alpha = (x\alpha)(y\alpha) \quad (x, y \in G) \tag{3.45}$$

erfüllen muß. Wenn wir die in Seite 15 gemachten Beobachtungen hier anwenden schließen wir, daß die Familie aller Automorphismen von G unter der Verknüpfung von Abbildungen eine Gruppe bilden. Wenn

$$\beta\colon G \to G$$

ein anderer Automorphismus ist, bezeichnen wir das Produkt von α und β mit $\alpha\beta$ anstelle von $\alpha \circ \beta$. Damit ist die Wirkung von $\alpha\beta$ auf ein Element $x \in G$ durch die Regel

$$x(\alpha\beta) = (x\alpha)\beta$$

definiert. Die Gruppe aller Automorphismen von G wird mit A(G) bezeichnet und heißt die *Automorphismengruppe* von G. Das Einselement von A(G) ist der identische Automorphismus ι, der jedes Element fest läßt, das heißt

$$x\iota = x \quad (x \in G). \tag{3.46}$$

Das Inverse von α wird mit α^{-1} bezeichnet. Somit ist $x\alpha^{-1}$ das eindeutig bestimmte Element y aus G mit der Eigenschaft $y\alpha = x$; so ein Element existiert für jedes x, weil α surjektiv ist.

Da α injektiv ist, ist $\ker\alpha = \{1\}$. Dies impliziert, daß α die Ordnung jedes Elementes erhält. Denn wenn $y = x\alpha$ und $x^m = 1$ gilt, dann folgt aus (3.45)

$$1 = x^m\alpha = (x\alpha)^m = y^m.$$

Also ist die Ordnung von y nicht kleiner als die Ordnung von x. Mit der Verwendung von α^{-1} anstelle von α erhalten wir die entgegengesetzte Ungleichung. Somit haben x und y dieselbe Ordnung, die auch unendlich sein kann. Zu einem festen Element $t \in G$ definieren wir die Abbildung

$$\tau\colon G \to G$$

durch folgende Regel

$$x\tau = x^t \quad (= t^{-1}xt), \; (x \in G). \tag{3.47}$$

Gleichung (3.3) zeigt, daß τ ein Homomorphismus von G in sich selbst ist; es ist sogar ein Automorphismus. Denn $x^t = 1$ impliziert $x = 1$; also besteht der Kern von τ nur aus dem Einselement und wegen Proposition 9 (Seite 59) ist τ injektiv. Weiters, wenn y ein beliebiges Element aus G ist, dann gibt es ein Element $x \in G$, mit $x^t = y$, nämlich $x = tyt^{-1}$; daher ist τ surjektiv. Ein Automorphismus der Form (3.47), der durch Konjugation induziert wird, heißt ein *innerer Automorphismus* von G. Ein Automorphismus welcher kein innerer Automorphismus ist, heißt *äußerer Automorphismus.*

Als nächstes werden wir zeigen, daß die Familie I(G) der inneren Automorphismen unter der Verknüpfung von Abbildungen eine Gruppe bilden. Es sei σ ein anderer innerer Automorphismus, gegeben durch

$$x\sigma = s^{-1}xs \quad (x \in G).$$

Dann ist

$$x\tau\sigma = (t^{-1}xt)\sigma = s^{-1}t^{-1}xts = (ts)^{-1}x(ts),$$

das heißt

$$(x^t)^s = x^{ts}. \tag{3.48}$$

Also entspricht der zusammengesetzten Abbildung $\tau\sigma$ die Konjugation durch ts. Dies beweist die Abgeschlossenheit von I(G). Offensichtlich ist $\iota \in$ I(G), da wir t = 1 nehmen können und τ^{-1} entspricht der Konjugation durch t^{-1}, das heißt

$$x\tau^{-1} = txt^{-1} \quad (x \in G).$$

Eine genauere Information erhält man durch die folgende Proposition.

Proposition 12: Es sei Z das Zentrum von G. Dann gilt

$$I(G) \cong G/Z.$$

Beweis: Die Beziehung zwischen einem Element t und dem inneren Automorphismus τ, welcher durch t induziert wird, ist formal durch die Abbildung

$$\Phi: G \to I(G) \tag{3.49}$$

gegeben, mit

$$t\Phi = \tau \quad (t \in G).$$

Gleichung (3.48) sagt nun $(ts)\Phi = (t\Phi)(s\Phi)$, so daß also Φ ein Homomorphismus ist. Offensichtlich ist Φ surjektiv, denn jeden inneren Automorphismus erhält man dadurch, daß man Φ auf ein passendes Element aus G anwendet; also ist

$$G\Phi = I(G).$$

Als nächstes suchen wir den Kern von Φ. Nun gilt $t \in \ker \Phi$ genau dann, wenn der durch t induzierte innere Automorphismus den identischen Automorphismus ergibt, also

$$x^t = x \quad (x \in G).$$

Doch diese Gleichung ist gleichwertig mit $t \in Z$, also ist $\ker \Phi = Z$. Die Anwendung des ersten Isomorphiesatzes beweist unmittelbar unsere Behauptung.

In einer abelschen Gruppe schrumpfen alle inneren Automorphismen zur identischen Abbildung zusammen, die äußeren Automorphismen sind dann die einzigen nichttrivialen Automorphismen. Die folgenden einfachen Beispiele dienen dem weiteren Verständnis:

1. Die unendliche zyklische Gruppe $C = gp\{x\}$. Jeder Automorphismus α ist eindeutig bestimmt, wenn wir $x\alpha$ kennen, etwa $x\alpha = x^s$ mit einer ganzen Zahl s. Für ein beliebiges Element x^k aus C gilt $x^k\alpha = x^{sk}$. Also ist die Bildgruppe $C = gp\{x^s\}$. Doch muß

für einen Automorphismus $C\alpha = C$ gelten. Daher muß $s = 1$ oder $s = -1$ sein. Beide Fälle sind möglich, der erste führt auf die identische Abbildung. Also besitzt C genau zwei Automorphismen.

2. Die endliche zyklische Gruppe $C_m = gp\{x; x^m = 1\}$. Wie zuvor muß nur $x\alpha = x^s$ festgelegt werden. Unter jedem Automorphismus bleibt die Ordnung eines Elementes bewahrt. Daher muß x^s die Ordnung m haben. Dies gilt aber genau dann, wenn $(m, s) = 1$ ist (siehe Proposition 2, Seite 15) und jede solche Wahl von s führt zu einem Automorphismus. Also besitzt C_m $\phi(m)$ Automorphismen, wobei ϕ die auf Seite 9 definierte Eulerfunktion ist.

3. Die Kleinsche Vierergruppe $V = gp\{a, b; a^2 = b^2 = 1, ab = ba\}$. Diese Gruppe hat drei Elemente der Ordnung zwei und nur diese können unter α permutiert werden. Es kommt heraus, daß jede der sechs Permutationen zu einem Automorphismus führt; denn wenn die drei Elemente der Ordnung zwei nacheinander (in irgendeiner Reihenfolge) mit x, y, z benannt werden, dann gilt $xy = z$. Wenn also $x = x'$, $y = y'$ und $z = z'$ ist, haben wir $x'y' = z'$. Es folgt, daß V sechs Automorphismen hat und daß $A(V) \cong S_3$ ist (siehe Seite 19).

Wenn α ein Automorphismus auf G ist, können wir seine Wirkung auf eine Untergruppe H von G studieren. In allen Fällen ist das Bild von H unter α eine Untergruppe $H\alpha$ von G. Falls

$$H\alpha = H \tag{3.50}$$

(als Beziehung zwischen Teilmengen) gilt, dann sagen wir, daß H invariant unter α ist. Zum Beispiel ist H genau dann ein Normalteiler von G, wenn sie invariant unter allen inneren Automorphismen von G bleibt. In diesem Fall ist die Abbildung $H \to t^{-1}Ht$ für jedes $t \in G$ ein innerer Automorphismus von H.

Eine Untergruppe H heißt eine *charakteristische Untergruppe*, wenn sie unter allen Automorphismen invariant bleibt. Natürlich sind alle charakteristischen Untergruppen Normalteiler. Zum Beispiel ist das Zentrum eine charakteristische Untergruppe; denn für $t \in Z$ gilt $tx = xt$ für alle $x \in G$. Also gilt für jedes $\alpha \in A(G)$, $(t\alpha)(x\alpha) = (x\alpha)(t\alpha)$; doch da α surjektiv ist, kann $x\alpha$ jedem Element $y \in G$ gleichgesetzt werden. Daher gilt für alle $y \in G$, $(t\alpha)y = y(t\alpha)$, das heißt

$$Z\alpha \subset Z.$$

Indem man anstelle von α die inverse Abbildung α^{-1} nimmt, erhält man die umgekehrte Ungleichung, so daß also gilt $Z\alpha = Z$.

Wir beschließen diesen Abschnitt mit folgender Proposition.

Proposition 13: Vorausgesetzt N ist ein Normalteiler von G und H ist eine charakteristische Untergruppe von N. Dann ist H ein Normalteiler von G.

Beweis: Es sei $t \in G$. Dann ist die durch (3.47) definierte Abbildung τ, wie wir eben bemerkt haben, ein Automorphismus von N. Daher gilt, weil H charakteristisch in N ist, $H\tau = H$. Also $t^{-1}Ht = H$, das heißt H ist Normalteiler von G.

Übungen

1. Zeige, daß konjugierte Elemente dieselbe Ordnung besitzen.

2. Zwei durch inverse Elemente erzeugte Klassen (a) und (a^{-1}) heißen inverse Klassen. Zeige (i) daß inverse Klassen dieselbe Anzahl von Elementen enthalten und (ii), daß eine Gruppe von geradzahliger Ordnung außer der Klasse, die aus dem Einselement besteht, mindestens noch eine Klasse einschließt, welche mit ihrer inversen Klasse identisch ist.

3. Es sei G = GL (n,F) (siehe Seite 8), mit $n \geqslant 2$ und einem unendlichen Körper F. Beweise, daß das Zentrum von G aus allen skalaren Vielfachen der Einheitsmatrix besteht.

4. Bestimme das Zentrum Z der Diedergruppe der Ordnung 8 (Tabelle (xi), Seite 44) und beschreibe die Struktur von G/Z.

5. Zeige, daß die Menge T = $\{\underline{t} = (t_{ij}) \mid t_{ij} = 0$ für $i > j$, $t_{ii} \neq 0\}$ der n × n nichtsingulären oberen Dreiecksmatrizen über einem Körper eine Gruppe unter der Matrizenmultiplikation bilden. Beweise, daß die Teilmenge E der Matrizen, für welche $t_{ii} = 1$ $(i = 1, 2, \ldots, n)$ gilt, ein Normalteiler von T ist und zeige, daß $T/E \cong D$ ist, wobei D die Menge der nichtsingulären Diagonalmatrizen ist.

6. Beweise, daß für eine Untergruppe H von G die Anzahl der zu H konjugierten Untergruppen gleich [G: N(H)] (siehe Seite 52) beträgt.

7. Es sei N ein Normalteiler von G mit endlichem Index. Für ein gegebenes Element $t \in G$ sei h die kleinste positive Zahl mit $t^h \in N$. Beweise: $h \mid n$; zeige auch daß $h \mid r$ gilt, wenn r die endliche Ordnung von t ist.

8. Vorausgesetzt, a und b seien zwei Elemente einer Gruppe derart, daß ihr Kommutator c = [a, b] sowohl mit a als auch mit b kommutiert. Beweise, daß für jede positive ganze Zahl k gilt:
   (i) $a^k b = ba^k c^k$ und (ii) $(ab)^k = b^k a^k c^{1/2 k(k+1)}$.

9. Es sei N ein Normalteiler von G von endlichem Index n. Wenn A eine beliebige Untergruppe von G ist, zeige, daß $s = [A: A \cap N]$ endlich ist und $s \mid n$.

10. Berechne die Kommutatorgruppe von (i) der Diedergruppe der Ordnung 8 und (ii) der Quaternionengruppe.

11. Zeige, daß der Zentralisator eines Normalteilers von G selbst ein Normalteiler von G ist.

12. Zeige, daß in einer abelschen Gruppe die Abbildung $x\theta = x^{-1}$ ein Automorphismus ist.

13. Beweise, daß I(G) ein Normalteiler von A(G) ist.

14. Zeige, daß G′ eine charakteristische Untergruppe von G ist.

IV. Endlich erzeugte abelsche Gruppen

25. Vorbereitungen

In diesem Kapitel werden wir uns nur mit abelschen Gruppen beschäftigen und wir werden daher die additive Schreibweise (siehe Seite 6) verwenden. Wir erinnern, daß in diesem Fall alle Untergruppen Normalteiler sind; für eine Untergruppe $H \leqslant G$ besteht die Quotientengruppe G/H aus den Nebenklassen $H+x$ $(x \in G)$. Man nennt eine Gruppe G *endlich erzeugt* (in der Abkürzung e.e.), wenn es endlich viele Elemente $u_1, u_2, \ldots, u_n$ aus G gibt (die sogenannten *Erzeugenden* oder *Generatoren*), derart daß gilt

$$G = gp\,\{u_1, u_2, \ldots, u_n\}\,.$$

Dann ist jedes Element aus G eine endliche Summe dieser Erzeugenden oder ihrer Negativen (Inversen) in beliebiger Ordnung, wobei Wiederholungen erlaubt sind. Da jedoch das Kommutativitätsgesetz gilt, können wir die Terme, welche aus denselben Erzeugenden bestehen zusammenfassen, so daß wir für jedes $x \in G$

$$x = a_1 u_1 + a_2 u_2 + \ldots + a_n u_n \tag{4.1}$$

schreiben können, wobei die a_i ganze Zahlen sind (positive, negative oder gleich null). Umgekehrt repräsentiert (4.1) für jede Wahl der ganzzahligen Koeffizienten ein Element aus G. Da die Erzeugenden nicht als nichtreduzierbar angenommen wurden (ja und selbst wenn sie es wären) kann es möglich sein, daß sie eine nichttriviale Relation

$$c_1 u_1 + c_2 u_2 + \ldots + c_n u_n = 0\,, \tag{4.2}$$

in der nicht alle Koeffizienten gleich null sind, erfüllen. Da gebrochene Koeffizienten nicht erlaubt sind, können wir im allgemeinen (4.2) nicht nach einem der Koeffizienten „auflösen", das heißt diesen einen Koeffizienten durch die anderen ausdrücken.

Im folgenden werden wir oft Anlaß haben, eine gegebene Menge von Erzeugenden abzuändern und es ist daher interessant, die Bedingungen zu untersuchen, unter denen zwei Mengen diese abelsche Gruppe erzeugen. Es sei also

$$G = gp\,\{u_1, u_2, \ldots, u_n\} = gp\,\{v_1, v_2, \ldots, v_m\} \tag{4.3}$$

vorausgesetzt. Damit (4.3) gilt, ist es notwendig und hinreichend, daß jedes u in Termen der v ausdrückbar ist und umgekehrt, jedes v ist in Termen der u ausdrückbar. Das heißt, wir haben Gleichungen der Form

$$\left.\begin{aligned} u_i &= \sum_{j=1}^{m} p_{ij} v_j \quad (j = 1, 2, \ldots, n) \\[2ex] v_j &= \sum_{k=1}^{n} q_{jk} u_k \quad (j = 1, 2, \ldots, m) \end{aligned}\right\}, \tag{4.4}$$

wobei die Matrizen $p = (p_{ij})$ und $q = (q_{jk})$ ganze Koeffizienten haben oder kürzer, ganze Matrizen sind. Wir nennen ein Gleichungssystem der Form (4.4) eine Transformation von der Menge der Erzeugenden $u_1, u_2, \ldots, u_n$ in die Menge $v_1, v_2, \ldots, v_m$.

Die folgenden Arten von Transformationen der Erzeugenden sind am meisten gebräuchlich:

α) Die Erzeugenden können beliebig permutiert werden.

β) Für $i \neq j$ kann der Generator u_i durch $u_i + hu_j$ ersetzt werden, wobei h eine beliebige ganze Zahl ist, die übrigen Erzeugenden bleiben unverändert.

γ) Jeder Generator u_i kann durch $-u_i$ ersetzt werden.

δ) Wenn ein Generator gleich null ist, kann er weggelassen werden.

Die Operationen (α), (β) und (γ) heißen *elementare Transformationen*. Wir wollen überprüfen, ob (β) tatsächlich (4.4) erfüllt. Der Einfachheit halber nehmen wir $i = 1$ und $j = 2$ an, so daß die Transformation

$$v_1 = u_1 + hu_2, \ v_2 = u_2, \ldots, v_n = u_n$$

vorliegt, die durch die Gleichungen

$$u_1 = v_1 - hv_2, \ u_2 = v_2, \ldots, u_n = v_n$$

umgekehrt wird. Die oben angeführten Operationen können wiederholt solange angewendet werden, bis wir ein für unsere Zwecke passendes Erzeugendensystem erhalten haben.

Wir sollten hier noch folgendes erwähnen. Um nachzuprüfen, daß eine Teilmenge von G eine Gruppe bildet, ist es ausreichend, zu zeigen, daß für $x, y \in X$ auch immer

$$x - y \in X$$

gilt. Wir können, wenn dieses wahr ist, $x = y$ nehmen und sehen, daß $0 \in X$ gilt; wiederum, wenn wir $x = 0$ wählen, folgt $-y \in X$; schließlich, wenn wir statt y das Element $-y$ nehmen, haben wir $x + y \in X$ und somit sind alle Bedingungen (siehe Abschnitt 9, Seite 25) dafür erfüllt, daß X eine Untergruppe ist.

Wir werden uns jetzt auf endliche abelsche Gruppen beschränken. Es ist unser Ziel, alle möglichen Arten von Gruppen dieser Klasse (bis auf Isomorphie) vollständig zu beschreiben. Dies wird damit ausgeführt, indem wir G in eine *direkte Summe* von gewissen Untergruppen auflösen, in Analogie zur Schreibweise des direkten Produktes (siehe Abschnitt 13, Seite 36). Eine direkte Summe schreibt man als

$$G = H \oplus K. \tag{4.5}$$

Wir beschäftigen uns hier nur mit inneren direkten Summen. Damit bedeutet (4.5), daß es zwei Untergruppen H und K von G gibt, mit folgenden Eigenschaften: die Elemente aus G bestehen aus allen möglichen Summen

$$x = u + v, \tag{4.6}$$

wobei u und v unabhängig voneinander H beziehungsweise K durchlaufen. Außerdem ist diese Darstellung eindeutig. Das heißt, aus

$$u_1 + v_1 = u_2 + v_2 \tag{4.7}$$

mit $u_1, u_2 \in H$ und $v_1, v_2 \in K$ folgt $u_1 = u_2$ und $v_1 = v_2$. Wenn insbesondere $u_0 + v_0 = 0$ mit $u_0 \in H$ und $v_0 \in K$ gilt, dann ist $u_0 = v_0 = 0$. Umgekehrt sichert uns diese Tatsache die Eindeutigkeit von (4.6); denn (4.7) impliziert uns $(u_1 - u_2) + (v_1 - v_2) = 0$ und somit

$u_1 = u_2$ und $v_1 = v_2$. Daher ist es, um (4.5) zu beweisen, ausreichend, die Gültigkeit der folgenden zwei Punkte nachzuweisen:

(i) $G = H + K$ und (ii) $H \cap K = \{0\}$.

Die zweite Bedingung ist sicher dann erfüllt, wenn H und K endliche Gruppen von zueinander relativ primen Ordnungen sind.

Wenn G als eine direkte Summe von mehreren Untergruppen angeschrieben werden kann, benützen wir die Schreibweise

$$G = \sum_{i=1}^{r} \oplus H_i = H_1 \oplus H_2 \oplus \ldots \oplus H_r \tag{4.8}$$

und wir erinnern, daß die Bildung von direkten Summen bis auf Isomorphie sowohl kommutativ als auch assoziativ ist. Tatsächlich besagt (4.8), daß G zur Gruppe aller r-tupel $(u_1, u_2, \ldots, u_r)$ isomorph ist, wobei die u_i ganz H_i durchlaufen und die Verknüpfung komponentenweise durchgeführt wird.

Zum Beispiel wird (4.8) sicher dann erfüllt sein, wenn
(i) $G = H_1 + H_2 + \ldots + H_r$ und
(ii) die Ordnungen von H_i und H_j $(i \neq j)$ zueinander relativ prim sind.
Denn in diesem Fall gilt offensichtlich

$$H_i \cap H_1 + \ldots + H_{i-1} + \ldots + H_r = \{0\}.$$

26. Endlich erzeugte freie abelsche Gruppen

In diesem Abschnitt studieren wir e.e. abelsche Gruppen

$$F = \mathrm{gp}\, \{u_1, u_2, \ldots, u_n\}, \tag{4.9}$$

in welchen die Erzeugenden keinen nichttrivialen Relationen genügen, das heißt wir nehmen an, daß jede Relation

$$c_1 u_1 + c_2 u_2 + \ldots + c_n u_n = 0 \tag{4.10}$$

das Verschwinden der Koeffizienten $c_1 = c_2 = \ldots = c_n = 0$ zur Folge hat. Wenn so ein Erzeugendensystem existiert, dann nennen wir F eine *freie abelsche Gruppe*. Genauer sagen wir, daß F durch $u_1, u_2, \ldots, u_n$ *frei erzeugt* ist. So ein Erzeugendensystem heißt freies Erzeugendensystem und wir verwenden die Bezeichnung

$$F = \langle u_1, u_2, \ldots, u_n \rangle . \tag{4.11}$$

Damit ist (4.11) gleichwertig mit der Aussage, daß die Elemente von F eindeutig in der Form

$$x = a_1 u_1 + a_2 u_2 + \ldots + a_n u_n \tag{4.12}$$

ausgedrückt werden kann, wobei die a_i beliebige ganze Zahlen sind.

Es ist klar, daß in einer freien abelschen Gruppe alle von null verschiedenen Elemente von unendlicher Ordnung sind. Denn für $x \neq 0$ und $h > 0$ würde die Relation $hx = 0$ unmittelbar auf eine nichttriviale Relation der Erzeugenden führen. Insbesondere ist jedes

Erzeugende von unendlicher Ordnung und (4.11) ist äquivalent zu

$$F = gp \{u_1\} \oplus gp \{u_2\} \oplus \dots \oplus gp \{u_n\}, \tag{4.13}$$

einer direkten Summe von n unendlichen zyklischen Gruppen.

Man kann leicht ein Beispiel für eine freie abelsche Gruppe mit n freien Erzeugenden angeben: Es sei Z^n die Menge aller n-Tupel $x = (a_1, a_2, \dots, a_n)$, wobei $a_1, a_2, \dots, a_n$ unabhängig voneinander alle ganzen Zahlen durchlaufen. Wenn wir als Verknüpfungsregel die komponentenweise Addition nehmen, wird Z^n zu einer abelschen Gruppe. Die speziellen n-Tupel

$$u_1 = (1, 0, \dots, 0), \quad u_2 = (0, 1, \dots, 0), \quad \dots, \quad u_n = (0, 0, \dots, 1)$$

erzeugen Z^n, denn jedes $x \in Z^n$ hat die Gestalt

$$x = a_1 u_1 + a_2 u_2 + \dots + a_n u_n .$$

Zusätzlich sind diese Erzeugenden frei, denn

$$c_1 u_1 + c_2 u_2 + \dots + c_n u_n = (c_1, c_2, \dots, c_n) = 0$$

hat $c_1 = c_2 = \dots = c_n = 0$ zur Folge.

Wir wollen nun den Zusammenhang zwischen verschiedenen freien Erzeugendensystemen einer freien Gruppe untersuchen. Für

$$F = \langle u_1, u_2, \dots, u_n \rangle = \langle v_1, v_2, \dots, v_m \rangle \tag{4.14}$$

sind die zwei Erzeugendensysteme durch die Gleichungen (4.4) miteinander verbunden. Doch da die Erzeugenden frei sind, haben wir präzisere Informationen zur Verfügung. Wenn wir die v_j in (4.4) eliminieren, haben wir

$$u_i = \sum_{j=1}^{m} \sum_{k=1}^{n} p_{ij} q_{jk} u_k \quad (i = 1, 2, \dots, n) .$$

Dies gibt eine nichttriviale Relation in den u_i, solange nicht die Koeffizienten auf beiden Seiten übereinstimmen. Somit muß also gelten

$$\sum_{j=1}^{m} p_{ij} q_{jk} = \delta_{ik} \quad (i, k = 1, 2, \dots, n),$$

mit $\delta_{ik} = 0$ für $i \neq k$ und $\delta_{ii} = 1$; oder in Matrizenschreibweise:

$$pq = i_n , \tag{4.15}$$

wobei i_n die Einheitsmatrix vom Grad n ist. Ähnlich erhalten wir bei der Elimination der u_i,

$$qp = i_m , \tag{4.16}$$

Ein Leser der etwas Kenntnis aus der Linearen Algebra besitzt, hat keine Schwierigkeit, aus (4.15) und (4.16) die Gleichheit $m = n$ abzuleiten; auf anderem Wege können wir diese Tatsache aber auch dadurch beweisen, indem wir die Summe der Diagonalelemente in (4.15) und (4.16) berechnen:

$$\sum_{i=1}^{n} \sum_{j=1}^{m} p_{ij} q_{ji} = n \quad \text{und} \quad \sum_{j=1}^{m} \sum_{i=1}^{n} q_{ji} p_{ij} = m .$$

Da die Ausdrücke auf der linken Seite der beiden Gleichungen gleich sind, folgt m = n. Also ist die Anzahl der freien Erzeugenden eine Invariante von F, das heißt sie ist für jedes freie Erzeugendensystem dieselbe. Diese Zahl n heißt der *Rang* von F. Zusätzlich gilt, daß zwei e. e. freie abelsche Gruppen genau dann isomorph sind, wenn sie denselben Rang besitzen; denn wenn der Rang n beträgt ist jede Gruppe zu der in (4.13) angeschriebenen Gruppe oder auch zu der Gruppe aller ganzzahligen n-Tupel isomorph.

Wenn wir die Determinanten in (4.15) oder (4.16) bilden, erhalten wir

$$(\det p)(\det q) = 1 . \tag{4.17}$$

Jedoch sind die Koeffizienten von p und q und deshalb auch ihre Determinanten ganze Zahlen. Also folgt aus (4.17) $\det p = \det q = \pm 1$, das heißt, p und q sind unimodulare Matrizen und besitzen daher ganzzahlige Inverse (siehe Übung (iv), (c), Seite 8). Somit wird der Übergang von einem freien Erzeugendensystem zu einem anderen durch eine unimodulare Transformation

$$u_i = \sum_{j=1}^{n} p_{ij} v_j \quad (i = 1, 2, \ldots, n) \tag{4.18}$$

vollzogen und es ist klar, daß jede unimodulare Matrix p zu diesem Zwecke verwendet werden kann. Denn (4.18) kann durch die Gleichungen

$$v_j = \sum_{k=1}^{n} q_{jk} u_k \quad (j = 1, 2, \ldots, n) \tag{4.19}$$

umgekehrt werden, wobei $q = p^{-1}$ wieder eine ganzzahlige Matrix ist und somit (4.4) erfüllt ist.

Die auf Seite 71 beschriebenen Operationen (α), (β) und (γ) sind einfache Beispiele von unimodularen Transformationen. Wenn mehrere von diesen hintereinander ausgeführt werden, werden die entsprechenden Matrizen miteinander multipliziert.

Der größte gemeinsame Teiler (GGT) einer Menge von null verschiedener ganzer Zahlen $a_1, a_2, \ldots, a_n$ wird mit

$$(a_1, a_2, \ldots, a_n)$$

bezeichnet und ist nach Definition eine positive ganze Zahl. Wenn insbesondere $(a_1, a_2, \ldots, a_n) = 1$ ist, sagen wir, daß diese Zahlen relativ prim sind. Es ist klar, daß die Koeffizienten einer Zeile oder Spalte einer unimodularen Matrix relativ prim sein müssen. Denn wenn die Determinante der Matrix nach einer Zeile (Spalte) entwickelt wird, sieht man daß die Determinante durch den GGT dieser Zeilenelemente (Spaltenelemente) teilbar ist. Da aber die Determinante nach Voraussetzung gleich ± 1 beträgt, kann der GGT nur gleich 1 sein. Wenn also ein neues freies Erzeugendensystem durch (4.19) eingeführt wird, ist jeder neue Generator eine Linearkombination der alten, mit relativ primen Koeffizienten. Die folgende Proposition bringt uns eine teilweise Umkehrung dieser Tatsache.

Proposition*) 14: Es sei $F = \langle u_1, u_2, \ldots, u_n \rangle$ und $v = b_1 u_1 + b_2 u_2 + \ldots + b_n u_n$ ein Element von F mit der Eigenschaft

$$(b_1, b_2, \ldots, b_n) = 1 \, . \tag{4.20}$$

Dann gibt es Elemente $v_2, v_3, \ldots, v_n$ aus F derart, daß gilt

$$F = \langle v, v_2, v_3, \ldots, v_n \rangle \, . \tag{4.21}$$

Mit anderen Worten: (4.20) ist eine notwendige und hinreichende Bedingung dafür, daß ein Element in ein freies Erzeugendensystem eingefügt werden kann.

Beweis: Es sei $s = |b_1| + |b_2| + \ldots + |b_n|$. Falls $s = 1$ ist, dann ist $v = u_j$ für ein j und die Behauptung gilt offensichtlich. Wir benützen nun die Induktion nach s, wobei wir verwenden, daß wir das Erzeugendensystem von F solange ändern können, bis wir zu (4.21) kommen. Wenn $s > 1$ ist, dann sind mindestens zwei der b ungleich null, denn sonst wäre ja $(b_1, b_2, \ldots, b_n) > 1$. Ohne Beschränkung der Allgemeinheit können wir $b_1 \geqslant b_2 > 0$ annehmen, weil dies ja immer durch eine geeignete Permutation und durch Vorzeichenwechsel der Erzeugenden (Operationen (α) und (γ), Seite 71) so erreicht werden kann. Nun sei

$$u_1' = u_1, \quad u_2' = u_2 + u_1, \quad u_j' = u_j \quad (j \geqslant 3) \, .$$

Damit ist wieder $F = \langle u_1', u_2', \ldots, u_n' \rangle$ (Operation (β)). Der Ausdruck für v wird nun zu $v = (b_1 - b_2)u_1' + b_2 u_2' + \ldots + b_n u_n'$. Offensichtlich ist $(b_1 - b_2, b_2, \ldots, b_n) = 1$, aber

$$|b_1 - b_2| + |b_2| + |b_3| + \ldots + |b_n| < s \, .$$

Also kann v nach Induktionsvoraussetzung in eine Menge von freien Erzeugenden eingefügt werden.

Wir wollen nun unsere Aufmerksamkeit den Untergruppen H von einer e. e. abelschen Gruppe F zuwenden. Man kann fragen, ob H wieder e. e. und frei ist. Dies wird durch das folgende, für die Theorie der abelschen Gruppen bedeutende Theorem bejaht; es zeigt außerdem das noch tieferliegende Ergebnis auf, daß die Erzeugenden von H in überraschend einfacher Weise angeschrieben werden können, vorausgesetzt, die Erzeugenden von F wurden passend gewählt.

Theorem 12: Es sei F eine e. e. freie abelsche Gruppe vom Rang n und H eine von null verschiedene Untergruppe von F. Dann ist H eine e.e. freie abelsche Gruppe vom Rang $m \leqslant n$. Es ist möglich, ein Erzeugendensystem für F so zu wählen, daß gilt

$$H = \langle h_1 v_1, h_2 v_2, \ldots, h_m v_m \rangle, \tag{4.22}$$

wobei $h_1 h_2, \ldots, h_m$ positive ganze Zahlen sind, die die Relationen $h_i | h_{i+1}$ $(i = 1, 2, \ldots, m - 1)$ erfüllen.

---

*) Siehe R. Rado, "A proof of the basis theorem for finitely generated Abelian gropus", Jornal of the London Mathematical Society (1951), **26**, 74–75.

Beweis: (i) Es sei vorausgesetzt, daß F ursprünglich durch die Erzeugenden $u_1, u_2, \ldots, u_n$ gegeben ist. Zu jedem von null verschiedenen Element $x = a_1 u_1 + a_2 u_2 + \ldots + a_n u_n$ aus F ordnen wir den GGT seiner Koeffizienten bezüglich dieses Erzeugendensystems zu, etwa

$$\delta(x) = (a_1, a_2, \ldots, a_n).$$

Diese Zahl ist unabhängig von der Wahl der Erzeugenden. Denn mit anderen Erzeugenden $u_1', u_2', \ldots, u_n'$ erhalten wir $u_i = \Sigma_j p_{ij} u_j'$, wobei (p_{ij}) eine unimodulare Matrix ist. Dann ist $x = a_1' u_1' + a_2' u_2' + \ldots + a_n' u_n'$, mit $a_j' = \Sigma_i a_i p_{ij}$. Also muß jeder gemeinsame Teiler der a_i auch alle a_i' teilen, also

$$(a_1', a_2', \ldots, a_n') \geqslant (a_1, a_2, \ldots, a_n).$$

Wenn wir die Rollen der beiden Erzeugendensysteme durch Umkehrung der Matrix (p_{ij}) vertauschen, erhalten wir die entgegengesetzte Ungleichung. Also ist $(a_1', a_2', \ldots, a_n') = (a_1, a_2, \ldots, a_n)$, was die Invarianz von $\delta(x)$ beweist.

(ii) Unter den von null verschiedenen Elementen von H sei

$$y_1 = b_1 u_1 + b_2 u_2 + \ldots + b_n u_n$$

eines, für welches δ seinen kleinsten Wert, etwa $\delta(y_1) = h_1 \geqslant 1$ annimmt. Wir können dann schreiben: $y_1 = h_1 (c_1 u_1 + c_2 u_2 + \ldots + c_n u_n) = h_1 v_1$, wobei v_1 ein Element aus F ist, für das die Voraussetzungen von Proposition 14 erfüllt sind. Es existieren daher Elemente $v_1', v_2', \ldots, v_n'$ aus F derart, daß gilt

$$F = \langle v_1, v_2', v_3', \ldots, v_n' \rangle. \tag{4.23}$$

Wir wollen dieses Erzeugendensystem weiterverwenden. Es sei $y = d_1 v_1 + d_2 v_2' + \ldots + d_n v_n'$ ein beliebiges Element aus H. Wir wissen, daß

$$y_1 = h_1 v_1 \in H \tag{4.24}$$

ist und wir behaupten nun $h_1 \mid d_1$. Denn anderenfalls gäbe es ganze Zahlen q und r mit $d_1 = q h_1 + r$ und $0 < r < h_1$. Also wäre $y - q y_1 = r v_1 + d_2 v_2' + \ldots + d_n v_n'$ ein Element aus H, mit $\delta(y - q y_1) = (r, d_2, \ldots, d_n) \leqslant r < h_1$, im Widerspruch zur Minimalität von h_1. Also schließen wir $r = 0$, das heißt

$$y - q y_1 = d_2 v_2' + \ldots + d_n v_n'. \tag{4.25}$$

(iii) Der Beweis erfolgt durch Induktion über n. Für $n = 1$ haben wir unser Ziel erreicht. Denn in diesem Fall muß die rechte Seite von (4.25) durch null ersetzt werden und $y = q y_1 = q h_1 v_1$.

Dies beweist die Behauptung $F = \langle v_1 \rangle$, $H = \langle h_1 v_1 \rangle$ des Theorems für $n = m = 1$. Es sei nun $n > 1$ vorausgesetzt und wir setzen

$$F_1 = \langle v_2', v_3', \ldots, v_n' \rangle, \quad H_1 = H \cap F_1. \tag{4.26}$$

Man beachte, daß die rechte Seite von (4.25) zu F_1 gehört, während die linke Seite in H liegt. Also stellt (4.25) ein Element aus H_1 dar. Wir müssen zwei Fälle untersuchen: erstens $H_1 = \{0\}$; dann haben wir $y = q y_1 = q h_1 v_1$ und wie zuvor $H = \langle h_1 v_1 \rangle$. Dies, zusammen mit (4.23) bestätigt das Theorem für beliebige n und $m = 1$. Wenn zweitens H_1 eine von null verschiedene Untergruppe von F_1 ist, dann wenden wir die Induktionsvoraussetzung auf F_1 und H_1 an. Daher gibt es Elemente $v_2, v_3, \ldots, v_n$ aus F_1 derart, daß

$$F_1 = \langle v_2, v_3, \ldots, v_n \rangle, \quad H_1 = \langle h_2 v_2, h_3 v_3, \ldots, h_m v_m \rangle \tag{4.27}$$

gilt; dabei ist m eine ganze Zahl, mit $2 \leqslant m \leqslant n$ und $h_i | h_{i+1}$ ($i = 2, 3, \ldots, m-1$). Die zwei freien Erzeugendensysteme sind miteinander durch die Gleichungen

$$v_i = \sum_j p_{ij} v_j', \quad v_i' = \sum_j q_{ij} v_j \quad (i = 2, 3, \ldots, n)$$

verbunden. Wir behaupten:

$$F = \langle v_1, v_2, \ldots, v_n \rangle . \tag{4.28}$$

Denn wenn wir in (4.23) die v' in Termen der v ausdrücken, sehen wir, daß $v_1, v_2, \ldots, v_n$ wirklich die ganze Gruppe F erzeugen. Außerdem sind diese Erzeugenden frei; denn, angenommen daß es eine nichttriviale Relation

$$c_1 v_1 + c_2 v_2 + \ldots + c_n v_n = 0 \tag{4.29}$$

gibt, dann muß $c_1 \neq 0$ sein; denn sonst hätten wir eine nichttriviale Relation zwischen den $v_2, v_3, \ldots, v_n$, im Widerspruch zu (4.27). Wenn wir nun in (4.29) die Elemente $v_2, v_3, \ldots, v_n$ durch die Ausdrücke in den $v_2', v_3', \ldots, v_n'$ ersetzen, bekämen wir eine Relation in den $v_1, v_2', \ldots, v_n'$, in welcher v_1 den Koeffizient c_1 hat. Dies ist aber im Widerspruch zu (4.23) und damit ist (4.28) bewiesen. Aus (4.24), (4.25) und (4.27) folgt dann, daß die Elemente

$$h_1 v_1 \ (= y_1), \ h_2 v_2, \ldots, h_m v_m$$

die Gruppe H erzeugen. Sie sind auch freie erzeugende, da jede nichttriviale Relation zwischen ihnen auch eine nichttriviale Relation des freien Erzeugendensystems von F wäre. Also ist

$$H = \langle h_1 v_1, h_2 v_2, \ldots, h_m v_m \rangle .$$

Um den Beweis zu beenden, müssen wir noch die Gültigkeit von $h_1 | h_2$ beweisen. Nun ist $y_0 = h_1 v_1 + h_2 v_2$ ein Element aus H. Daher ist wegen der Minimalität von h_1, $\delta(y_0) = (h_1, h_2) \geqslant h_1$. Aus der Definition des GGT folgt aber $(h_1, h_2) \leqslant h_1$. Daher ist $(h_1, h_2) = h_1$, das heißt $h_1 | h_2$.

27. Endlich erzeugte abelsche Gruppen

Wir kehren nun zur Diskussion einer beliebigen e. e. abelschen Gruppe zurück. Natürlich gehören alle endlichen abelschen Gruppen zu dieser Klasse. Es sei

$$A = \text{gp} \, \{ s_1, s_2, \ldots, s_n \},$$

wobei auch nichttriviale Relationen zwischen den Erzeugenden von A zulässig sind. Wir ordnen A die durch die Symbole $u_1, u_2, \ldots, u_n$ frei erzeugte abelsche Gruppe

$$F = \langle u_1, u_2, \ldots, u_n \rangle$$

zu. Um einen Zusammenhang zwischen A und F herzustellen, führen wir die Abbildung

$$\theta : F \to A,$$

definiert durch

$$(a_1 u_1 + a_2 u_2 + \ldots + a_n u_n)\theta = a_1 s_1 + a_2 s_2 + \ldots + a_n s_n \tag{4.30}$$

ein. Wir überlassen es dem Leser, zu beweisen, daß θ tatsächlich ein Homomorphismus ist. Offensichtlich ist θ surjektiv, weil jedes Element von A auf der rechten Seite von (4.30) auftreten kann. Es sei R der Kern von θ; dies ist eine Untergruppe von F. Also gehört das Element $a_1 u_1 + a_2 u_2 + \ldots + a_n u_n$ genau dann zu R, wenn $a_1 s_1 + a_2 s_2 + \ldots + a_n s_n = 0$ ist. Dies ist eine Relation zwischen den Erzeugenden von A und wir können sagen, daß die Elemente von R in eineindeutiger Beziehung zu den von den Erzeugenden von A erfüllten Relationen stehen. Der erste Isomorphiesatz ergibt nun

$$A \cong F/R \tag{4.31}$$

und wir können nun die Struktur von A aus F/R ablesen, wobei wir die Mittel des letzten Abschnittes gut anwenden können. Denn wir können die Erzeugenden von F so wählen, daß (unter der Voraussetzung $R \neq \{0\}$) gilt

$$F = \langle v_1, v_2, \ldots, v_n \}, \quad R = \langle h_1 v_1, h_2 v_2, \ldots, h_m v_m \rangle, \tag{4.32}$$

mit $m \leqslant n$ und $h_i | h_{i+1}$ $(i = 1, 2, \ldots, m-1)$.

Zur Vorbereitung wollen wir zuerst einmal den Fall $n = 1$ betrachten. Wir müssen drei Fälle unterscheiden:

(i) $F = \langle v \rangle$, $R = \{0\}$. Dann ist $F/R \cong F$, die unendliche von v zyklisch erzeugte Gruppe.

(ii) $F = \langle v \rangle$, $R = \langle hv \rangle$, mit $h \geqslant 2$. Dann ist $F/R \cong C_h$, der zyklischen Gruppe von der Ordnung h.

(iii) $F = \langle v \rangle$, $R = \langle v \rangle$, $(h = 1)$. Dann ist $F/R \cong \{0\}$, weil $F = R$ ist.

Für allgemeine n können die gleichen Fälle auftreten und es ist deshalb vorteilhaft, die drei Typen von Erzeugenden verschieden zu bezeichnen. Wenn $r = n - m > 0$ ist, dann scheinen r Erzeugenden von F nicht in R auf; diese wollen wir mit $x_1, x, \ldots, x_r$ bezeichnen. Wenn $h_1 = h_2 = \ldots = h_l = 1$ gilt, dann bezeichnen wir die entsprechenden Erzeugenden mit $z_1, z_2, \ldots, z_l$; diese treten sowohl in F als auch in R auf. Für $n = r + l + k$ entsprechen die restlichen k Erzeugenden denjenigen Werten von h, welche größer als 1 sind und es ist sinnvoll, sie in absteigender Reihenfolge neu anzuordnen, etwa $e_1, e_2, \ldots, e_k$. Damit können wir schreiben

$$F = \langle x_1, x_2, \ldots, x_r, y_1, y_2, \ldots, y_k, z_1, z_2, \ldots, z_l \rangle, \tag{4.33}$$

$$R = \langle e_1 y_1, e_2 y_2, \ldots, e_k y_k, z_1, z_2, \ldots, z_l \rangle, \tag{4.34}$$

wobei $e_{\kappa+1} | e_\kappa$ $(\kappa = 1, 2, \ldots, k-1)$, $n = r + k + l$, $m = k + l$ gilt und die Bezeichnungen sinngemäß modifiziert werden, falls der eine oder andere Typ von Erzeugenden nicht aufscheint.

Für $x \in F$ sei $\bar{x} = x + R$ das Bild von x unter dem natürlichen Epimorphismus $F \to F/R$. Wenn wir insbesondere die Erzeugenden von F nacheinander betrachten, erkennen wir (i) $\bar{x}_\rho$ $(\rho = 1, 2, \ldots, r)$ ist ein Element mit unendlicher Ordnung, weil kein Vielfaches $(\neq 0)$ von x_ρ in R liegt; (ii) $\bar{y}_\kappa$ ist von der Ordnung e_κ $(\kappa = 1, 2, \ldots, k)$; (iii) $\bar{z}_\lambda$

$(\lambda = 1, 2, \ldots, l)$ ist gleich dem Nullelement $\bar{0}$ von F/R, weil $z_\lambda \in R$. Da nun ein beliebiges Element aus F in der Form

$$x = \sum_{\rho = 1}^{r} a_\rho x_\rho + \sum_{\kappa = 1}^{k} b_\kappa y_\kappa + \sum_{\lambda = 1}^{l} c_\lambda z_\lambda$$

dargestellt wird, hat jedes Element aus F/R die Gestalt

$$\bar{x} = \sum_{\rho = 1}^{r} a_\rho \bar{x}_\rho + \sum_{\kappa = 1}^{k} b_\kappa \bar{y}_\kappa . \tag{4.35}$$

Also wird F/R durch $\bar{x}_1, \ldots, \bar{x}_r, \bar{y}_1, \ldots, \bar{y}_k$ erzeugt. Wir behaupten sogar

$$F/R = \mathrm{gp}\,\{\bar{x}_1\} \oplus \ldots \oplus \mathrm{gp}\,\{\bar{x}_r\} \oplus \mathrm{gp}\,\{\bar{y}_1\} \oplus \ldots \oplus \mathrm{gp}\,\{\bar{y}_k\} , \tag{4.36}$$

das heißt, wir erklären, daß die rechte Seite von (4.35) nur dann verschwinden kann, wenn jeder Term gleich null ist. Vorausgesetzt sei

$$\sum_{\rho = 1}^{r} a_\rho \bar{x}_\rho + \sum_{\kappa = 1}^{k} b_\kappa \bar{y}_\kappa = \bar{0}.$$

Dies bedeutet

$$\sum_{\rho = 1}^{r} a_\rho x_\rho + \sum_{\kappa = 1}^{k} b_\kappa y_\kappa \in R .$$

Ein Blick auf (4.34) zeigt, daß $a_\rho = 0$ $(\rho = 1, 2, \ldots, r)$, weil x_ρ nicht in R aufscheint. Weiters muß b_κ durch e_κ $(\kappa = 1, 2, \ldots, k)$ teilbar sein, etwa $b_\kappa = d_\kappa e_\kappa$. Also ist $b_\kappa \bar{y}_\kappa = d_\kappa e_\kappa \bar{y}_\kappa = \bar{0}$, weil $e_\kappa \bar{y}_\kappa = \bar{0}$. Dies beweist (4.36). Da wir wegen (4.31) die gegebene Gruppe A mit F/R identifizieren können, haben wir die Gültigkeit des folgenden Theorems nachgewiesen.

Theorem 13 (Hauptsatz über e. e. abelsche Gruppen): Jede e. e. abelsche Gruppe A ist eine direkte Summe von zyklischen Gruppen und zwar von r $(\geqslant 0)$ unendlichen und k $(\geqslant 0)$ endlichen zyklischen Gruppen; somit ist

$$A = \mathrm{gp}\,\{t_1\} \oplus \ldots \oplus \mathrm{gp}\,\{t_r\} \oplus \mathrm{gp}\,\{w_1\} \oplus \ldots \oplus \mathrm{gp}\,\{w_k\}, \tag{4.37}$$

wobei t_ρ $(\rho = 1, 2, \ldots, r)$ von unendlicher Ordnung und w_κ $(\kappa = 1, 2, \ldots, k)$ von endlicher Ordnung e_κ $(\geqslant 2)$ ist. Außerdem gilt

$$e_{\kappa+1} | e_\kappa \quad (\kappa = 1, 2, \ldots, k-1) . \tag{4.38}$$

Dieses Theorem löst das Problem, die Struktur aller e. e. abelscher Gruppen zu beschreiben. Man sagt, daß die in der direkten Zerlegung (4.37) auftretenden Erzeugenden eine *Basis* von A bilden. Allerdings sei betont, daß sie nicht frei oder „unabhängig" sind, wie die Basiselemente eines Vektorraumes, doch haben sie (noch einmal zur Wiederholung) die Eigenschaft, daß in einer nichttrivialen Relation jeder Term gleich null ist.

Für $r = 0$ ist die Gruppe A endlich und $|A| = e_1 e_2 \ldots e_k$; im anderen Extremfall ist A eine freie abelsche Gruppe. Die Anzahl r der freien Erzeugenden von A nennt man den *Rang* von A, egal ob A frei ist oder nicht. Die in Theorem 13 beschriebene Zerlegung heißt eine *kanonische Form* von A. Dieser Ausdruck wird (grob gesprochen) immer dann verwendet, wenn die Struktur eines mathematischen Objektes in einer einfachen und im wesentlichen eindeutig bestimmten Weise dargestellt wird. Die Frage der Eindeutigkeit, die wir bis jetzt außer acht gelassen haben, wird im nächsten Abschnitt behandelt.

28. Invarianten und Elementarteiler

Die gerade erwähnte Eindeutigkeit ist folgendermaßen gegeben:

Theorem 14: Es sei A eine e. e. abelsche Gruppe und es seien zwei Zerlegungen

$$A = gp\ \{x_1\} \oplus \ldots \oplus gp\ \{x_r\} \oplus gp\ \{u_1\} \oplus \ldots \oplus gp\ \{u_k\} \tag{4.39}$$

und

$$A = gp\ \{y_1\} \oplus \ldots \oplus gp\ \{y_s\} \oplus gp\ \{v_1\} \oplus \ldots \oplus gp\ \{v_l\} \tag{4.40}$$

gegeben, wobei x_ρ $(\rho = 1, 2, \ldots, r)$ und y_σ $(\sigma = 1, 2, \ldots, s)$ Elemente von unendlicher Ordnung sind und $|u_\kappa| = d_\kappa$ $(\kappa = 1, 2, \ldots, k)$, $d_{\kappa+1} | d_\kappa$, $|v_\lambda| = e_\lambda$ $(\lambda = 1, 2, \ldots, l)$, $e_{\lambda+1} | e_\lambda$ gelte. Dann ist (i) r = s und (ii) k = l, $d_\kappa = e_\kappa$ $(\kappa = 1, 2, \ldots, k)$.

Der Beweis dieses Theorems der fast den ganzen Abschnitt einnehmen wird, wird in mehrere Schritte aufgeteilt.

(i) Es sei T die Menge der Elemente aus A mit endlicher Ordnung. Für u, v $\in$ T gibt es ganze positive Zahlen m und n mit mu = nv = 0. Also ist mn(u − v) = 0 und somit u − v $\in$ T. Dies beweist, daß T eine Untergruppe ist (siehe Seite 71); Diese Gruppe nennt man die *Torsionsgruppe* von A, ein Ausdruck der der Topologie entliehen wurde. Natürlich ist T unmittelbar durch A definiert, das heißt, T hängt nicht von der speziellen Wahl des Erzeugendensystems ab. Nun sind

$$X = \sum_{\rho = 1}^{r} \oplus gp\ \{x_\rho\} \quad \text{und } Y = \sum_{\sigma = 1}^{s} \oplus gp\ \{y_\sigma\}$$

freie abelsche Gruppen vom Rang r beziehungsweise s. Die Voraussetzungen (4.39) und (4.40) implizieren

$$A = X \oplus T = Y \oplus T. \tag{4.41}$$

Denn es ist klar, daß die Torsionsgruppe kein Erzeugendes von unendlicher Ordnung enthalten kann, während in ihr aber alle Erzeugenden endlicher Ordnung liegen müssen. Wir folgern aus (4.41): $A/T \cong X$, $A/T \cong Y$, also $X \cong Y$. Der Rang einer freien abelschen Gruppe ist jedoch eine Invariante (Seite 74). Daher ist r = s und der erste Teil des Theorems ist bewiesen.

(ii) Von nun an beschäftigen wir uns ausschließlich mit endlichen abelschen Gruppen, das heißt wir lassen die endlichen Erzeugenden in (4.39) und (4.40) weg. Wir beginnen mit dem Spezialfall, daß A eine endliche abelsche p-Gruppe ist, das heißt, wir setzen $|A| = p^m$

voraus, wobei p eine Primzahl ist und m eine positive ganze Zahl. Dann ist die Ordnung eines jeden Elementes eine Potenz von p und wir setzen im einzelnen

$$|u_\kappa| = d_\kappa = p^{\delta_\kappa} \quad (\kappa = 1, 2, \ldots, k), \quad |v_\lambda| = e_\lambda = p^{\epsilon_\lambda} \quad (\lambda = 1, 2, \ldots, l).$$

Die Bedingung $d_{\kappa+1} \mid d_\kappa$ ist gleichwertig mit $\delta_{\kappa+1} \leqslant \delta_\kappa$; analog $\epsilon_{\lambda+1} \leqslant \epsilon_\lambda$. Die Modifikation des Theorem 14 für den speziellen Fall der p-Gruppen lautet:

Theorem 15 : Es sei A eine endliche abelsche p-Gruppe, gegeben durch

$$A = \sum_{\kappa=1}^{k} \oplus \operatorname{gp} \{u_\kappa\} = \sum_{\lambda=1}^{l} \oplus \operatorname{gp} \{v_\lambda\}, \tag{4.42}$$

wobei gelte $u_\kappa = p^{\delta_\kappa} \ (\kappa = 1, 2, \ldots, k), \ v_\lambda = p^{\epsilon_\lambda} \ (\lambda = 1, 2, \ldots, l)$ und $\delta_1 \geqslant \delta_2 \geqslant \ldots \geqslant \delta_k, \epsilon_1 \geqslant \epsilon_2 \geqslant \ldots \geqslant \epsilon_l$. Dann ist $k = l$ und $\delta_\kappa = \epsilon_\kappa \ (\kappa = 1, 2, \ldots, k)$.

Beweis: *) Für $|A| = p^m$ ergibt der Vergleich der Ordnungen in (4.42)

$$m = \sum_\kappa \delta_\kappa = \sum_\lambda \epsilon_\lambda \ .$$

Für m = 1 gilt das Theorem trivialerweise. Wir können daher mit Induktion nach m fortfahren.

Es sei A_p die Menge der Elemente, welche px = 0 erfüllen. Da p(x − y) = px − py = 0 ist, folgt, daß A_p eine Untergruppe von A (möglicherweise auch gleich A) ist. Die Ordnung von A_p ist leicht zu bestimmen. Denn es sei $x \in A_p$; wenn wir die Basis $u_1, u_2, \ldots, u_k$ verwenden, haben wir

$$x = \sum_{i=1}^{k} a_i u_i \ ,$$

wobei $0 \leqslant a_i < p^{\delta_i}$ wegen $|u_i| = p^{\delta_i}$ angenommen werden kann. Wenn nun px = 0 gilt, dann auch $pa_i u_i = 0$ für jedes i und daher $p^{\delta_i} \mid pa_i$. Somit ist $a_i = b_i p^{\delta_i - 1}$, mit $0 \leqslant b_i < p$. Daher gibt es für jedes i genau p mögliche Werte für b_i und damit auch für a_i, damit px = 0 gilt. Dies zeigt $|A_p| = p^k$. Wenn wir die andere Basis von (4.42) verwenden, finden wir in analoger Weise $|A_p| = p^l$. Jedoch ist A_p unabhängig von jeder Basis definiert worden. Also gilt wie behauptet k = l.

Als nächstes definieren wir mit A^p die Menge aller Elemente x aus A, die das p-te Vielfache (das additive Analogon zur p-ten Potenz) eines Elementes aus A sind. Man kann leicht beweisen, daß auch A^p eine Gruppe ist; denn wenn x = px′ und y = py′ ist, dann auch x − y = p(x′ − y′). Wir erhalten eine direkte Zerlegung von A^p in Zyklen, wenn wir jedes Basiselement von A mit p multiplizieren. Doch muß dabei beachtet werden, daß durch diese Operation alle Elemente von der Ordnung p wegfallen. Somit sei

$$\delta_1 \geqslant \delta_2 \geqslant \ldots \geqslant \delta_K > 1, \quad \delta_{K+1} = \delta_{K+2} = \ldots = \delta_k = 1 \ ,$$

---

*) Wir folgen hier Marshall Hall Jr., The Theory of Groups (New York, 1959), Seite 41.

für eine ganze Zahl K mit $0 \leqslant K \leqslant k$. Dan ist

$$A^p = \sum_{i=1}^{K} \oplus gp\,\{pu_i\} \quad \text{und} \quad |pu_i| = p^{\delta_i - 1}\,.$$

Ähnlich können wir für $\epsilon_1 \geqslant \epsilon_2 \geqslant ... \geqslant \epsilon_L > 1$, $\epsilon_{L+2} = ... = \epsilon_k = 1$ schreiben:

$$A^p = \sum_{j=1}^{L} \oplus gp\,\{pv_j\}\,,$$

mit $|pv_j| = p^{\epsilon_j - 1}$. Falls $K = 0$ ist, sind alle Elemente von der Ordnung p, also $A^p = \{0\}$. In diesem Fall ist auch $L = 0$, weil A^p unabhängig von der Basis definiert ist. Daher können wir nun $K > 0$ annehmen. Offensichtlich ist $|A^p| < |A|$ und wir können die Induktionsvoraussetzung auf A^p anwenden. Somit schließen wir $K = L$ und $\delta_i - 1 = \epsilon_i - 1$, das heißt $\delta_i = \epsilon_i$ ($i = 1, 2, ..., K$). Da die verbleibenden δ und ϵ alle gleich 1 sind, ist der Beweis dieses Theorems erbracht.

Die Invarianten

$$p^{\delta_1}, p^{\delta_2}, ..., p^{\delta_k} \tag{4.43}$$

einer abelschen Gruppe sind die sogenannten *Elementarteiler* von A. Somit sind zwei abelsche p-Gruppen dann und nur dann isomorph, wenn sie die selben Elementarteiler in der selben Anordnung besitzen. Wenn der Wert von p a priori festgelegt wurde, reicht es, die Exponenten von (4.43) anzuführen und wir sagen, daß A vom *Typ* $(\delta_1, \delta_2, ..., \delta_k)$ ist. Im speziellen wird A eine elementare abelsche p-Gruppe genannt, wenn sie vom Typ $(1, 1, ..., 1)$ ist.

(iii) Im nächsten Schritt werden wir eine beliebige Gruppe in p-Gruppen auflösen. Wir beginnen mit einem Lemma, welches sich mit einer einzigen zyklischen Untergruppe beschäftigt und in seiner multiplikativen Version kann es auch für nichtabelsche Gruppen angewendet werden (siehe Beispiel 8, Kapitel I).

Lemma: Es sei w ein Element von der Ordnung mn, mit $(m, n) = 1$. Dann ist

$$gp\,\{w\} = gp\,\{nw\} \oplus gp\,\{mw\}. \tag{4.44}$$

Beweis: Die Elemente $u = nw$ und $v = mw$ sind von der Ordnung m beziehungsweise n. Wir setzen $W = gp\,\{w\}$, $U = gp\,\{u\}$ und $V = gp\,\{v\}$ und behaupten

$$W = U \oplus V\,. \tag{4.45}$$

Wegen $(m, n) = 1$ gibt es ganze Zahlen a und b mit $an + bm = 1$. Daher ist

$$w = (an + bm)w = a(nw) + b(mw)$$
$$= au + bv$$

Dies zeigt: $w \in U + V$. Jedoch erzeugt w ganz W, also $W \subset U + V$. Weil aber $U \subset W$ und $V \subset W$ ist, haben wir auch umgekehrt $U + V \subset W$ also $W = U + V$. Um zu beweisen, daß die Summe direkt ist, bemerken wir, daß $U \cap V = \{0\}$ gilt, da U und V Untergruppen mit relativ primen Ordnungen sind.

Das Ergebnis (4.44) kann auch für mehr als zwei Terme verallgemeinert werden. Insbesondere sei

$$m = p_1^{\alpha_1} p_2^{\alpha_2} \dots p_t^{\alpha_t} ,$$

wobei $p_1, p_2, \dots, p_t$ verschiedene Primzahlen sind. Dann ist

$$gp\{w\} = \sum_{\tau = 1}^{t} \oplus gp\{w_\tau\} , \tag{4.46}$$

wobei $w_\tau = (m/p_\tau^{\alpha_\tau})w$ von der Ordnung $p_\tau^{\alpha_\tau}$ ist. Die Formel (4.46) kann auch dann verwendet werden, wenn einige der α gleich null sind. Der entsprechende Summand wird dann zur Nullgruppe und kann deshalb weggelassen werden.

Es sei p eine Primzahl, und es sei P die Menge der Elemente aus A, deren Ordnung eine Potenz von p beträgt, das heißt, sie erfüllen eine Gleichung der Form $p^\mu x = 0$ ($\mu \geqslant 0$). Offensichtlich ist P eine Gruppe; denn für $p^\mu x = p^\nu y = 0$ gilt $p^{\mu+\nu}(x-y) = 0$. Falls p die Ordnung $|A|$ nicht teilt, ist $P = \{0\}$. Wir nennen P die p-Primärkomponente von A. Wenn weiters $|A|$ durch mehr als eine Primzahl teilbar ist, zeigen wir, daß die entsprechenden Primärkomponenten eine Zerlegung von A liefern.

Theorem 16: Es sei $|A| = p_1^{\nu_1} p_2^{\nu_2} \dots p_n^{\nu_n}$ und P_i die p_i-Primärkomponenten von A. Dann gilt:

$$A = P_1 \oplus P_2 \oplus .. \oplus P_n . \tag{4.47}$$

Beweis: Für ein beliebiges Element $w \in A$ folgt aus (4.46), daß $w \in P_1 + P_2 + \dots + P_n$ ist und daher $W \subset P_1 + P_2 + \dots + P_n$. Umgekehrt ist jede Primärkomponente P_i in A enthalten, also $W = P_1 + P_2 + \dots + P_n$. Außerdem ist die Summe direkt, da die Ordnungen der einzelnen Summanden zueinander relativ prim sind (siehe 3., Seite 37). Die Zerlegung (4.47) ist in folgendem Sinne eindeutig bestimmt: es sei

$$A = P_1^* \oplus P_2^* \oplus \dots \oplus P_n^* ,$$

mit abelschen p_i-Gruppen P_i^* ($i = 1, 2, \dots, n$). Dann ist $P_i^* = P_i$. Denn wenn wir mit $|P_i^*| = p_i^{\mu_i}$ die Ordnung der Gruppen auf jeder Seite von (4.47) berechnen, erhalten wir $|A| = \Pi_i p_i^{\mu_i}$, also folgt aus der Eindeutigkeit der Faktorzerlegung von $|A|$, daß $\mu_i = \nu_i$ gilt. Somit ist $|P_i^*| = |P_i|$. Nun liegt nach der Definition von P_i jedes Element von P_i^* auch in P_i, also $P_i^* \subset P_i$. Da diese beiden Gruppen dieselbe (endliche) Ordnung haben, schließen wir $P_i^* = P_i$.

(iv) Wir kommen nun zum Beweis von Theorem 14. Es seien die Bezeichnungen von Theorem 16 beibehalten. Gegeben ist:

$$A = \sum_{\kappa = 1}^{k} \oplus gp\{u_\kappa\}, \quad |u_\kappa| = d_\kappa, \quad d_{\kappa+1} | d_\kappa . \tag{4.48}$$

Die Idee des Beweises läuft darauf hinaus, jeden Term in seine Primärkomponenten aufzulösen und daraus die Elementarteiler von $P_1, P_2, \dots, P_n$ zu bestimmen, deren Eindeutigkeit schon in Theorem 15 bewiesen wurde.

Es sei

$$d_\kappa = \prod_{i=1}^{n} p_i^{\delta_{\kappa i}} \quad (\kappa = 1, 2, \ldots k),$$ (4.49)

mit $\delta_{\kappa i} \geqslant 0$ und $\delta_{\kappa+1,i} \leqslant \delta_{\kappa i}$. Wenn wir auf jedes u_κ nacheinander (4.46) anwenden, können wir

$$gp\{u_\kappa\} = \sum_{i=1}^{n} \oplus gp\{u_{\kappa i}\},$$

mit $|u_{\kappa i}| = p_i^{\delta_{\kappa i}}$ schreiben. Somit können wir A als Doppelsumme von p-Gruppen in der Form

$$A = \sum_{\kappa=1}^{k} \sum_{i=1}^{n} \oplus gp\{u_{\kappa i}\}$$ (4.50)

ausdrücken. Für festes i erhalten wir

$$P_i = \sum_{\kappa=1}^{k} \oplus gp\{u_{\kappa i}\}.$$

Dies zeigt, daß die Elementarteiler von P_i die von 1 verschiedenen Zahlen unter den absteigenden Folgen

$$p_i^{\delta_{1i}}, p_i^{\delta_{2i}}, \ldots, p_i^{\delta_{ki}}$$

sind.

Die Situation ist in der folgenden Tabelle, in welcher die Primzahlpotenzen einfach durch ihre Exponenten angegeben sind, zusammengefaßt:

	p_1	p_2	...	p_n
d_1	δ_{11}	δ_{12}	...	δ_{1n}
d_2	δ_{21}	δ_{22}	...	δ_{2n}
.	.	.		.
.	.	.		.
.	.	.		.
d_k	δ_{k1}	δ_{k2}	...	δ_{kn}

(4.51)

Die Zeilen entsprechen (4.49), während die von null verschiedenen Elemente in den Spalten die Elementarteiler von $P_1, P_2, \ldots, P_n$ festlegen. Die Eintragungen in jeder Spalte sind in nichtaufsteigender Reihenfolge angeordnet und die letzte Reihe enthält auch nichtverschwindende Zahlen, weil $d_k \geqslant 2$ ist.

Es sei nun vorausgesetzt, daß die Zahlen d durch Zahlen e mit analogen Eigenschaften ersetzt sind, mit

$$e_\lambda = \prod_{i=1}^{n} p^{\epsilon_{\lambda i}}, \quad (\lambda = 1, 2, \ldots, l).$$

Nach Theorem 15 besitzen dann die Tabellen $(\delta_{\kappa i})$ und $(\epsilon_{\kappa i})$ in den entsprechenden Spalten die gleichen nichtverschwindenden Eintragungen. Da mindestens eine Spalte von $(\delta_{\kappa i})$ k nichtverschwindende Zahlen enthält, folgt $l \geqslant k$ und wegen der Symmetrie auch $k \geqslant l$. Also ist $k = l$ und die Tabellen $(\delta_{\kappa i})$ und $(\epsilon_{\kappa i})$ sind identisch. Damit ist der Beweis von Theorem 14 abgeschlossen. Die ganzen Zahlen $d_1, d_2, \ldots, d_k$ heißen die *Invarianten* von A; man setzt immer die Teilbarkeitsbedingung $d_{\kappa+1} \mid d_\kappa$ voraus. Die *Elementarteiler* von A sind die Familie der Elementarteiler der einzelnen Primärkomponenten P_i ($i = 1, 2, \ldots, n$). Aus dem vorgehenden folgt, daß Invarianten und Elementarteiler sich gegenseitig eindeutig bestimmen. Jede dieser beiden Mengen beschreibt die Struktur von A vollständig und alle e. e. abelschen Gruppen erhält man bis auf Isomorphie dadurch, daß man entweder die Invarianten oder die Elementarteiler vorschreibt. Die Elementarteiler führen zur Zerlegung (4.50) mit der größten Anzahl von zyklischen Summanden, während die Invarianten die Zerlegung (4.48), mit der kleinsten Anzahl von Termen ergeben.

Beispiel 1: Wir suchen die Invarianten der Gruppe mit den Elementarteilern $2^3, 2, 2, 3, 3$. Die Tabelle (4.51) hat die Gestalt

	2	3
d_1	3	1
d_2	1	1
d_3	1	0

also $d_1 = 2^3 \cdot 3 = 24$, $d_2 = 2 \cdot 3 = 6$, $d_3 = 2$.
Die Ordnung der Gruppe ist

$$|A| = 24 \cdot 6 \cdot 2 = 2^5 \cdot 3^2 = 288.$$

Das nächste Beispiel zeigt, wie eine direkte Summe von zyklischen Gruppen in zwei Normalformen umgeformt werden kann, welche den Elementarteilern beziehungsweise den Invarianten entsprechen.

Beispiel 2: Berechne die Elementarteiler und Invarianten der Gruppe

$$A = C_{30} \oplus C_{12}.$$

Diese Darstellung ist nicht in kanonischer Form, da $12 \nmid 30$. Zuerst spalten wir jeden Ausdruck in Gruppen von relativ primen Ordnungen auf, also:

$$A = (C_2 \oplus C_3 \oplus C_5) \oplus (C_4 \oplus C_3).$$

Wenn wir die Gruppen die zur selben Primzahl gehören zusammenfassen, erhalten wir

$$A = (C_4 \oplus C_2) \oplus (C_3 \oplus C_3) \oplus C_5.$$

Daraus erhält man die zu den Primzahlen 2, 3 und 5 gehörigen Elementarteiler mit (4, 2), (3, 3) beziehungsweise 5. Als die zu (4.51) analoge Tabelle ergibt sich

	2	3	5
d_1	2	1	1
d_2	1	1	0

also ist $d_1 = 2^2 \cdot 3 \cdot 5 = 60$, $d_2 = 2 \cdot 3 = 6$. Somit ist

$$A = C_{60} \oplus C_6$$

die kanonische Form aus der man die Invarianten ablesen kann.

29. Praktische Berechnung der Zerlegungen

In Abschnitt 27 haben wir das fundamentale Ergebnis bewiesen, daß jede e. e. abelsche Gruppe zu einer direkten Summe von zyklischen Gruppen isomorph ist. Allerdings wurde im Beweis keine praktische Methode angegeben, wie man die zyklischen Summanden berechnen kann. Das Ziel dieses Abschnittes ist es, ein systematisches Verfahren zu beschreiben, das dieses Problem im konkreten Fall löst.

Wir setzen voraus, daß die Gruppe A durch ihre Erzeugende und deren Relationen gegeben sei:

$$A = gp \{x_1, x_2, \ldots, x_n\}.$$

Die Erzeugenden $x_1, x_2, \ldots, x_n$ unterliegen den N Relationen

$$\sum_{j=1}^{n} b_{ij}x_j = 0 \quad (i = 1, 2, \ldots, N).$$

Die ganzzahlige $N \times n$ Matrix $B = (b_{ij})$ wollen wir die Relationenmatrix nennen. Wie in Abschnitt 27 formulieren wir das Problem um und führen die freie abelsche Gruppe

$$F = \langle u_1, u_2, \ldots, u_n \rangle \tag{4.52}$$

und eine Relationen-Untergruppe

$$R = gp \{r_1, r_2, \ldots, r_N\}, \tag{4.53}$$

mit

$$r_i = \sum_{j=1}^{n} b_{ij}u_j \quad (i = 1, 2, \ldots, N)$$

ein. Es sollte besonders erwähnt werden, daß die u_j per definitionem freie Erzeugende von F sind, während die r_i lediglich R erzeugen. Wie wir in (4.31) gesehen haben, erhalten wir die Gruppe A als F/R und ihre Struktur wird offenbar, wenn neue Erzeugende derart gewählt werden, daß (4.32) erfüllt ist. Bezüglich dieser Erzeugenden hat die Relationenmatrix die einfache Eigenschaft, daß alle nichtdiagonalen Elemente verschwinden. Wenn umgekehrt

$$B = \begin{pmatrix} d_1 & 0 & 0 & \ldots \\ 0 & d_2 & 0 & \ldots \\ 0 & 0 & d_3 & \ldots \end{pmatrix}, \tag{4.54}$$

ist, können wir die Zerlegung von A in zyklische Gruppen direkt ablesen. Allerdings stimmt diese Zerlegung nicht mit der in Theorem 13 beschriebenen kanonischen Form überein, solange nicht die weiteren Bedingungen $d_{i+1} \mid d_i$ voll erfüllt sind. Aus technischen Gründen ist es zuerst vorteilhaft, diese Bedingungen zu ignorieren und eine vorläufige Zerlegung anzustreben, welche einer Relationenmatrix entspricht die lediglich diagonal ist (siehe Beispiel 2, Seite 85).

In Tabellenform sieht das Problem folgendermaßen aus:

$$
\begin{array}{c|cccc}
 & u_1 & u_2 & \ldots & u_n \\
\hline
r_1 & b_{11} & b_{12} & \ldots & b_{1n} \\
r_2 & b_{21} & b_{22} & \ldots & b_{2n} \\
\cdot & \cdot & \cdot & & \cdot \\
\cdot & \cdot & \cdot & & \cdot \\
\cdot & \cdot & \cdot & & \cdot \\
r_N & b_{N1} & b_{N2} & & b_{Nn}
\end{array}
\qquad (4.55)
$$

Die Spalten dieser Tabelle entsprechen den Erzeugenden von F, während die Zeilen die Erzeugenden von R anzeigen; da wir die Erzeugenden für F wie auch für R nach Belieben wählen können, können wir die Operationen (α), (β), (γ), (δ) (Seite 71) auf jedes Erzeugendensystem anwenden, ohne die Struktur von F/R zu ändern. Was R betrifft, wird dies durch die Operationen auf die Zeilen von (4.55) durchgeführt; jedoch ist etwas mehr Sorgfalt notwendig, um die Wirkung der Änderung bei den Erzeugenden von F zu verstehen. Wir wollen durch die Transformation

$$u_1' = u_1 + qu_2, \quad u_2' = u_2, \quad u_3' = u_3, \ldots, u_n' = u_n \qquad (4.56)$$

(mit einer beliebgen ganzen Zahl q) ein neues Erzeugendensystem für F einführen. Es sei

$$r = b_1 u_1 + b_2 u_2 + \ldots + b_n u_n$$

ein allgemeines Element der Relationenuntergruppe. Bezüglich der neuen Erzeugenden wird diese Relation zu

$$r = b_1 u_1' + (b_2 - qb_1) u_2' + b_3 u_3' + \ldots + b_n u_n' \, .$$

Daher wird die oberste Reihe von (4.55) durch (4.56) ersetzt, während in der Matrix B die erste Spalte q mal von der zweiten Spalte subtrahiert wird. Dies ist eine Spaltenoperation vom Typ (β).

Wir werden nun eine Folge von Schritten anführen, welche die Matrix B auf die Diagonalform (4.54) reduzieren wird.

(i) Für $B = 0$ ist $A = F$ eine freie abelsche Gruppe und es ist nichts weiter zu tun. Daher wollen wir nun $B \neq 0$ annehmen. Durch eine Permutation der Zeilen und Spalten und, falls notwendig durch Vorzeichenwechsel können wir erreichen, daß der erste Koeffizient die folgenden Ungleichungen erfüllt

$$b_{11} > 0, \quad b_{11} \leqslant |b_{i1}|, \quad b_{11} \leqslant |b_{1j}|, \quad (i > 1, \; j > 1) \, .$$

(ii) Es kann vorkommen, daß die Koeffizienten der ersten Zeile oder der ersten Spalte durch b_{11} teilbar sind. In diesem Fall können wir alle diese nichtdiagonalen Zeilen- beziehungsweise Spaltenelemente zum Verschwinden bringen, indem wir passende Vielfache der ersten Zeile (Spalte) von den anderen abziehen. Wenn dies gemacht wurde, wird die Relationenmatrix zu

$$
\begin{pmatrix} b_{11} & 0 \\ 0 & B_1 \end{pmatrix}, \qquad (4.57)
$$

und wir fahren fort, indem wir B_1 in gleicher Weise behandeln bis (4.54) erreicht ist.

(iii) Falls aber andererseits eines der b_{i1} oder b_{1j} nicht durch b_{11} teilbar ist, kann dieser Koeffizient durch eine Operation vom Typ (β) zu seinem kleinsten positiven Rest modulo b_{11} reduziert werden. Es sei zum Beispiel

$$b_{i1} - qb_{11} = b'_{i1} \, ,$$

mit $0 < b'_{i1} < b_{11}$. Wir bringen dann b'_{i1} in die erste Stelle der Matrix und wiederholen dann die Reduktion mit dem neuen ersten Koeffizienten. Es ist klar, daß dieser Prozeß nach einer endlichen Anzahl von Schritten zu einem Ende kommen muß, weil der erste Koeffizient der Matrix durch jeden solchen Schritt verkleinert wird, jener aber immer eine positive ganze Zahl bleibt, so daß in jedem Fall die in (ii) beschriebene Situation eintreten muß.

Beispiel 3: Berechne die Invarianten der von den Elementen a, b und c mit den Relationen

$$3a - 2b + 5c = 0, \quad 5a + 27c = 0$$

erzeugten abelschen Gruppe. Wir führen die Folge der Operationen auf die Relationenmatrix an, die die kanonische Form herstellen:

$$
\begin{pmatrix} 3 & -2 & 5 \\ 5 & 0 & 27 \end{pmatrix}
\xrightarrow{(1)}
\begin{pmatrix} 1 & -2 & 5 \\ 5 & 0 & 27 \end{pmatrix}
\xrightarrow{(2)}
\begin{pmatrix} 1 & -2 & 5 \\ 0 & 10 & 2 \end{pmatrix}
$$

$$
\xrightarrow{(3)}
\begin{pmatrix} 1 & 0 & 0 \\ 0 & 10 & 2 \end{pmatrix}
\xrightarrow{(4)}
\begin{pmatrix} 1 & 0 & 0 \\ 0 & 0 & 2 \end{pmatrix}
\xrightarrow{(5)}
\begin{pmatrix} 1 & 0 & 0 \\ 0 & 2 & 0 \end{pmatrix}
$$

Dabei wurden in den einzelnen Schritten folgende Übergänge von einem zum nächsten Erzeugendensystem gemacht:

1. Erzeugende $u_1 = u_1'$, $u_2 = u_1' + u_2'$, $u_3 = u_3'$.
2. Relationen $r_1' = r_1$, $r_2' = r_2 - 5r_1$.
3. Erzeugende $u_1' = u_1'' + 2u_2'' - 5u_3''$, $u_2' = u_2''$, $u_3' = u_3''$.
4. Erzeugende $u_1'' = u_1'''$, $u_2'' = u_2'''$, $u_3'' = u_3''' - 5u_2'''$.
5. Erzeugende $u_1''' = v_1$, $u_2''' = v_3$, $u_3''' = v_2$.

Damit ist die Reduktion beendet. Wenn wir die Schreibweise von Seite 79 verwenden, sehen wir, daß F/R von $\bar{v}_1, \bar{v}_2, \bar{v}_3$ erzeugt wird, wobei $\bar{v}_1 = 0$, $2\bar{v}_2 = 0$, während $\bar{v}_3$ von unendlicher Ordnung ist.
Also ist

$$A \cong C_2 \oplus C_\infty \, .$$

Wenn wir die zwischendurch verwendeten Erzeugenden eliminieren, erhalten wir

$$v_1 = 3u_1 - 2u_2 + 5u_3, \quad v_2 = 5u_1 + 5u_2 + u_3, \quad v_3 = -u_1 + u_2 \, ,$$

und der Leser kann nachprüfen, daß dies eine unimodulare Transformation ist.

Wenn man auf die spezielle Form der Erzeugendentransformation keinen Wert legt, sondern nur die zyklische Struktur der Gruppe wissen möchte, kann man diese aus der Anwendung der Operationen auf die Relationenmatrix ersehen. Im folgenden Beispiel, wo Spaltenoperationen alleine schon zum Ziel führen, wird die j-te Spalte mit c_j bezeichnet.

Beispiel 4: Berechne die kanonische Zerlegung der abelschen Gruppe A mit den Erzeugenden a, b, c, d und den Relationen

$$3a + 9b - 3c = 0, \quad 4a + 2b - 2d = 0.$$

Die Relationenmatrix kann wie folgt reduziert werden:

$$
\begin{array}{cccc}
3 & 9 & -3 & 0 \\
4 & 2 & 0 & -2
\end{array}
\quad \to \quad
\begin{array}{cccc}
3 & 9 & -3 & 0 \\
0 & 0 & 0 & -2
\end{array}
$$

$$(c_1 \to c_1 + 2c_4, \quad c_2 \to c_2 + c_4)$$

$$
\to
\begin{array}{cccc}
3 & 0 & 0 & 0 \\
0 & 0 & 0 & 2
\end{array}
\quad \to \quad
\begin{array}{cccc}
3 & 0 & 0 & 0 \\
0 & 2 & 0 & 0
\end{array}
$$

$$(c_2 \to c_2 - 3c_1,\, c_3 \to c_3 + c_1,\, c_4 \to -c_4) \qquad (c_2 \to c_4,\, c_4 \to c_2)$$

Es folgt, daß zwei Erzeugende frei bleiben, während die anderen beiden zyklischen Gruppen der Ordnung 3 beziehungsweise 2 entsprechen. Also ist die Gruppe isomorph zu

$$C_3 \oplus C_2 \oplus C_\infty \oplus C_\infty.$$

Übungen

1. Beweise: wenn $b_1, b_2, \ldots, b_n$ ganze Zahlen mit $(b_1, b_2, \ldots, b_n) = 1$ sind, dann existiert eine unimodulare Matrix, welche in der ersten Zeile die Elemente $b_1, b_2, \ldots, b_n$ enthält.

2. Zeige, daß eine endliche abelsche Gruppe, deren Ordnung nicht durch das Quadrat einer ganzen Zahl (> 1) teilbar ist, eine zyklische Gruppe ist.

3. Beweise, daß in einer endlichen abelschen Gruppe gilt: (i) die maximale Ordnung eines Elementes ist gleich der größten Invariante und (ii) die Ordnung jedes Elementes teilt die maximale Ordnung.

4. Zeige, daß die (multiplikative) Gruppe der zu 24 relativ primen Restklassen elementar und abelsch von der Ordnung 8 ist.

5. Berechne die Elementarteiler und Invarianten der durch folgende Erzeugende und Relationen definierten Gruppen: (i) $15a = 4b = 0$, (ii) $20a = 6b = 5c = 0$.

6. Die abelsche Gruppe A sei erzeugt von a, b, c, mit den definierenden Relationen $3a + 9b + 9c = 0$, $6a - 12b = 0$. Schreibe A als direkte Summe von zyklischen Gruppen an.

7. Berechne Rang und Invarianten der folgenden abelschen Gruppen: (i) Erzeugende a, b und Relationen $2(a + b) = 0$; (ii) Erzeugende a, b, c, d und Relationen $2(a + b) = 0$; (ii) Erzeugende a, b, c, d und Relationen $3a + 5b - 3c = 0$, $4a + 2b - 2d = 0$.

8. Die freie abelsche Gruppe F sei erzeugt durch u_1, u_2, u_3 und R sei die durch

$$r_1 = ku_1 + u_2 + u_3,\, r_2 = u_1 + ku_2 + u_3,\, r_3 = u_1 + u_2 + ku_3$$

erzeugte Untergruppe, wobei k eine ganze Zahl größer als eins ist. Suche Erzeugende v_1, v_2, v_3 von F und s_1, s_2, s_3 von R derart, daß gilt, $s_i = e_i v_i$ ($i = 1, 2, 3$) und die ganzen Zahlen e_1, e_2, e_3 die Bedingung $e_1 \mid e_2 \mid e_3$ erfüllen.

9. Zeige, daß jede abelsche Gruppe der Ordnung g mindestens eine Untergruppe besitzt, deren Ordnung ein vorher festgelegter Teiler von g ist. (Umkehrung des Theorems von Lagrange über abelsche Gruppen).

10. Zeige, daß eine elementare abelsche Gruppe der Ordnung p^k (p Primzahl) als ein k-dimensionaler Vektorraum über dem Primkörper mit den Zahlen $0, 1, \ldots, p - 1$ betrachtet werden kann.

11. Zeige, daß in einer elementaren abelschen Gruppe der Ordnung p^3 eine „geordnete" Basis auf $p^3 (p^3 - 1) (p^2 - 1) (p - 1)$ Weisen gewählt werden kann. (Zwei Basen, welche aus denselben Elementen, jedoch in verschiedener Anordnung bestehen, werden als verschieden betrachtet.)

12. Beweise aus den Ergebnissen des Abschnittes 27 das folgende fundamentale Theorem für Matrizen: Wenn B eine $m \times n$ Matrix vom Rang k ist, dann existieren unimodulare Matrizen P und Q der Ordnungen m beziehungsweise n, so daß gilt $PBQ = D$, wobei in $D = (d_{ij})$ alle Elemente verschwinden, mit Ausnahme der ersten k Diagonalelemente und $d_{11} \mid d_{22} \mid \ldots \mid d_{kk}$.

V. Erzeugende und Relationen

30. Endlich erzeugte Gruppen mit endlich vielen Relationen

Im vorhergehenden Kapitel haben wir gesehen, daß die Struktur einer abelschen Gruppe in zufriedenstellender Weise determiniert werden kann, vorausgesetzt, daß die Gruppe durch endlich viele Elemente erzeugt wird und diese endlich vielen Relationen unterliegen. Es tritt natürlich die Frage auf, inwieweit diese Theorie auch auf nichtabelsche Gruppen angewendet werden kann. Das Problem wurde kurz in Abschnitt 12 angeschnitten und wir hatten einige Beispiele, in welchen nichtabelsche Gruppen durch Erzeugende und Relationen beschrieben wurden. Wie erwartet werden kann, führt das Fehlen des Kommutativitätsgesetzes zu größeren Schwierigkeiten und der Umfang dieses Buches erlaubt uns nur, die einfachsten Ideen und Tatsachen aus diesem Gebiet darzustellen.

Von Anfang an wollen wir uns auf solche Gruppen beschränken, die sich schon nach Voraussetzung durch eine endliche Anzahl von Elementen mit endlich vielen Relationen erzeugen lassen.

31. Freie Gruppen

Wir führen nichtkommutative Symbole $x_1, x_2, \ldots, x_n$ ein, aus denen wir *Wörter* bilden, das sind formale Produkte

$$w = x_a^{\alpha} x_b^{\beta} \ldots x_r^{\rho} , \tag{5.1}$$

die aus einer endlichen Anzahl von Faktoren bestehen. Die Unterindizes $a, b, \ldots, r$ werden aus der Menge der ganzen Zahlen $1, 2, \ldots, n$ genommen, wobei Wiederholungen erlaubt sind, da die Faktoren nicht kommutieren. Die Exponenten $\alpha, \beta, \ldots, \rho$ sind positive oder negative ganze Zahlen. Wir können ein Wort als eine Funktion von $x_1, x_2, \ldots, x_n$ betrachten und schreiben danach anstatt w oft ausführlicher $w(x_1, x_2, \ldots, x_n)$.

Es ist sinnvoll, das *leere Wort* einzuführen, das ist das Wort, in welchem die Anzahl der Faktoren null beträgt. Das leere Wort wird mit e bezeichnet und wir definieren

$$x_i^0 = e \quad (i = 1, 2, \ldots, n) .$$

Ein Wort heißt *reduziert*, wenn es entweder das leere Wort ist oder wenn es ein Produkt der Form (5.1) ist, in dem keine zwei aufeinanderfolgende Faktoren denselben Unterindex haben.

Die Multiplikation von zwei nichtleeren Wörtern u und v ist folgendermaßen definiert: Wir schreiben das formale Produkt p, bestehend aus den Faktoren von u und gefolgt von jenen von v. Falls p schon ein reduziertes Wort ist, definieren wir $p = uv$. Anderenfalls sei

$$u = u_0 x^{\alpha}, \quad v = x^{\beta} v_0 ,$$

wobei x am Ende von u_0 oder am Beginn von v_0 nicht mehr auftritt. Dann vereinfachen wir p durch die Anwendung der Regel

$$x^{\alpha} x^{\beta} = x^{\alpha + \beta} . \tag{5.2}$$

Falls $\alpha + \beta = 0$ ist, lassen wir den Faktor $x^{\alpha+\beta}$ weg und es sind dann noch weitere Vereinfachungen und Kürzungen möglich. Der Prozeß wird solange fortgesetzt, bis ein reduziertes Wort p_0 erreicht ist. Dann definieren wir

$$uv = p_0 \ .$$

Es sollte betont werden, daß der Reduktionsprozeß eindeutig abläuft, so daß uv in eindeutiger Weise bestimmt wurde. Die Verknüpfungsregel wird noch durch

$$ue = eu = u$$

erweitert, so daß also das leere Wort die Rolle des Einselementes übernimmt. Das Inverse von (5.1) ist durch

$$w^{-1} = x_r^{-\rho} \ldots x_b^{-\beta} x_a^{-\alpha}$$

gegeben, klarerweise ein reduziertes Wort, wenn (5.1) es ist. Der direkte Beweis der Gültigkeit des Assoziativitätsgesetzes

$$(uv)w = u(vw) \tag{5.3}$$

ist etwas mühevoll und wird am besten in mehreren Schritten durchgeführt *):

(i) Es sei x ein Erzeugendes und u_0 und w_0 zwei reduzierte Wörter (möglicherweise auch leere), so daß weder der letzte Faktor von u_0 noch der erste von w_0 eine Potenz von x (mit nichtverschwindendem Exponenten) enthält. Dann sieht man sofort

$$(u_0 x^\alpha)(x^\beta w_0) = u_0 (x^{\alpha+\beta} w_0) = (u_0 x^{\alpha+\beta})w_0 \ .$$

(ii) Falls u und w reduzierte Wörter sind und x ein Erzeugendes, dann gilt

$$(ux^\alpha)w = u(x^\alpha w) \ . \tag{5.4}$$

Denn es sei

$$u = u_0 x^\pi, \quad w = x^\phi w_0 \ ,$$

wobei u_0 und w_0 wie in (i) und π und ϕ ganze Zahlen sind, die auch null sein können. Dann haben wir

$$\begin{aligned}
(ux^\alpha)w &= [(u_0 x^\pi)x^\alpha](x^\phi w_0) = (u_0 x^{\pi+\alpha})(x^\phi w_0) \\
&= u_0(x^{\pi+\alpha+\phi} w_0) = u_0[x^\pi(x^{\alpha+\phi} w_0)] \\
&= u_0[x^\pi(x^\alpha w)] = (u_0 x^\pi)(x^\alpha w) = u(x^\alpha w) \ .
\end{aligned}$$

(iii) Um schließlich (5.3) im allgemeinen zu beweisen, schließen wir durch Induktion über die Anzahl der Faktoren in v. Der Fall, in welchem v nur aus einem Faktor x^α besteht, ist durch (5.4) erledigt. Wir nehmen nun an, daß

$$v = v_0 x^\alpha$$

und daß das Assoziativitätsgesetz für v_0 anstelle von v gilt. Wir haben dann

$$\begin{aligned}
(uv)w &= (uv_0 x^\alpha)w = [(uv_0)x^\alpha]w = (uv_0)(x^\alpha w) \\
&= u[v_0(x^\alpha w)] = u[(v_0 x^\alpha)w] = u(vw) \ .
\end{aligned}$$

Dies vervollständigt den Beweis von (5.3) für alle Fälle.

---

*) Siehe A. G. Kurosch, Band 1, Seite 101.

Die Menge der aus den Symbolen $x_1, x_2, \ldots, x_n$ gebildeten Wörter, zusammen mit der eben definierten Verknüpfungsregel heißt die *freie Gruppe* über $x_1, x_2, \ldots, x_n$. Die freie Gruppe über einem einzigen Erzeugenden x ist die unendliche zyklische Gruppe (siehe Abschnitt 5). Im Falle zweier Erzeugenden x und y, lauten die einzelnen Produkte

$$(xy^{-2}x)(yx) = xy^{-2}xyx ,$$
$$(xy^2)(y^{-1}x) = xyx ,$$
$$(xyx^{-1})(xy^{-1}x) = x^2 .$$

Zusammenfassend können wir sagen, daß die freie Gruppe über $x_1, x_2, \ldots, x_n$ aus allen reduzierten Wörtern in diesen Symbolen besteht und daß diese nur den trivialen Bedingungen

$$x_i x_i^{-1} = x_i^{-1} x_i = e \quad (i = 1, 2, \ldots, n) \tag{5.5}$$

und deren Konsequenzen unterliegen. Es sollte betont werden, daß eine freie abelsche Gruppe mit mehr als einem Erzeugenden keine freie Gruppe ist, weil die nichttriviale Relation $xyx^{-1}y^{-1} = e$ in einer abelschen, aber nicht in einer freien Gruppe gilt.

32. Relationen

Angenommen, die Gruppe G sei von n ihrer Elemente erzeugt, etwa

$$G = \mathrm{gp}\, \{g_1, g_2, \ldots, g_n\} .$$

Dann ist jedes Element von G ein Produkt der Form $g_a^\alpha g_b^\beta \ldots g_r^\rho$. Solange G keine freie Gruppe ist, gibt es nichttriviale Relationen wie

$$g_a^\alpha g_b^\beta \ldots = g_o^\gamma g_d^\delta \ldots$$

oder in kürzerer Schreibweise

$$r(g_1, g_2, \ldots, g_n) = 1$$

wobei die linke Seite $\hspace{6cm}$ (5.6)

$$(g_a^\alpha g_b^\beta \ldots)(g_c^\gamma g_d^\delta \ldots)^{-1}$$

bedeutet. Um die Situation im Detail zu untersuchen, betrachten wir die freie Gruppe F über den n Symbolen $x_1, x_2, \ldots, x_n$ und definieren dann die Abbildung

$$\theta : F \to G$$

von F auf G durch die Regel

$$w(x_1, x_2, \ldots, x_n)\theta = w(g_1, g_2, \ldots, g_n) , \tag{5.7}$$

das heißt, das Bild eines Produktes in den x unter θ ist das entsprechende Produkt in den g; insbesondere ist

$$e\theta = 1 .$$

Die Bedeutung liegt dabei in der Tatsache, daß θ ein Homomorphismus ist. Daher gilt für zwei beliebige Elemente w_1 und w_2 von F:

$$(w_1 w_2)\theta = (w_1\theta)(w_2\theta) ; \tag{5.8}$$

denn $w_1 w_2$ ist das durch Aneinanderreihung von w_1 und w_2 erhaltene und anschließend mittels der Regeln (5.2) und (5.5) vereinfachte reduzierte Wort. Doch diese Regeln gelten in jeder Gruppe und jede mit den x ausgeführte Operation ist auch für die g richtig; dies ist die ganze Bedeutung von (5.8). Auf Grund der Tatsache, daß θ ein Homomorphismus ist, können wir θ einfacher durch

$$x_i\theta = g_i \quad (i = 1, 2, \ldots, n) \tag{5.9}$$

definieren und (5.7) folgt automatisch. Es sei R der Kern von θ, das heißt, R besteht aus all den Wörtern $r(x_1, x_2, \ldots, x_n)$ aus F, die durch θ auf ein Element von G abgebildet werden, das die Gestalt der linken Seite von (5.6) hat. Aus dem Ersten Isomorphiesatz folgt:

$$G \cong F/R. \tag{5.10}$$

Wir können unsere Ergebnisse in folgendem Theorem zuammenfassen.

> **Theorem 17:** Es sei F die freie Gruppe über $x_1, x_2, \ldots, x_n$. Dann ist jede Gruppe G, die durch n Elemente $g_1, g_2, \ldots, g_n$ erzeugt werden kann, das homomorphe Bild von F, mit dem durch $x_i\theta = g_i$ $(i = 1, 2, \ldots, n)$ definierten Homomorphismus θ. Der Kern von θ besteht aus all jenen Wörtern, die in G unter der Abbildung von θ zu Relationen werden.

Man nennt das Paar F, R auf der rechten Seite von (5.10) eine *Darstellung* von G. Eine Gruppe kann verschiedene solche Darstellungen haben. Umgekehrt können wir einen Normalteiler R von F wählen und dann G als F/R definieren. Dann hat G die Erzeugenden $g_i = x_iR$ $(i = 1, 2, \ldots, n)$ und die Relationen $r(g_1, g_2, \ldots, g_n) = 1$ ist dann und nur dann eine Relation für G, wenn $q(x_1, x_2, \ldots, x_n)R = R$, das heißt

$$q(x_1, x_2, \ldots, x_n) \in R.$$

Also stehen die Elemente von R in eineindeutiger Beziehung zu den von den Erzeugenden von G erfüllten Relationen. Aus diesem Grunde werden wir R die *Relationengruppe* von G nennen.

33. Definition einer Gruppe

Wir werden nun genauer untersuchen, was damit gemeint ist, wenn man sagt, daß eine Gruppe G durch n Erzeugende $g_1, g_2, \ldots, g_n$ und m Relationen

$$\rho_k(g_1, g_2, \ldots, g_n) = 1 \quad (k = 1, 2, \ldots, m) \tag{5.11}$$

definiert ist. Wenn $\sigma(g_1, g_2, \ldots, g_n) = 1$ und $\tau(g_1, g_2, \ldots, g_n) = 1$ Relationen in G sind, dann auch

$$\sigma(g_1, g_2, \ldots, g_n)\, \tau(g_1, g_2, \ldots, g_n) = 1$$
$$\{\sigma(g_1, g_2, \ldots, g_n)\}^{-1} = 1$$

und

$$g^{-1}\{\sigma(g_1, g_2, \ldots, g_n)\}g = 1,$$

mit einem beliebigen Element g aus G. Jede Relation

$$\rho(g_1, g_2, \ldots, g_n) = 1 \tag{5.12}$$

die aus den gegebenen Relationen (5.11) durch eine endliche Anzahl von oben beschriebenen Operationen abgeleitet wurde, heißt eine *Folgerelation* von (5.11).

Unter Verwendung der freien Gruppe F über $x_1, x_2, \ldots, x_n$ ordnen wir der Relation (5.12) das Wort $r = \rho(x_1, x_2, \ldots, x_n)$ zu. Ohne Beschränkung der Allgemeinheit können wir dieses Wort als reduziert annehmen und es also als gültiges Element von F betrachten; zum Beispiel wollen wir die Relation

$$g_1 g_2 g_2^{-2} g_1 g_2^{-1} = 1$$

verbieten und sie durch

$$g_1 g_2^{-1} g_1 g_2^{-1} = 1$$

ersetzen. Die Relationen (5.11) entsprechen den Wörtern

$$r_k = \rho_k (x_1, x_2, \ldots, x_n) \quad (k = 1, 2, \ldots, m) \,. \tag{5.13}$$

Diese Relationen und ihre Folgerelationen erzeugen den kleinsten Normalteiler R_0 in F, der r_1, r_2, r_m enthält. Diese Gruppe wird mit

$$R_0 = \{r_1, r_2, \ldots, r_m\}^F$$

bezeichnet und heißt der *normale Abschluß* von $r_1, r_2, \ldots, r_m$; sie ist gerade die von den Elementen $w^{-1} r_k w$ erzeugte Untergruppe von F, wobei $k = 1, 2, \ldots, m$ und w beliebig aus F ist. Man beachte, daß R_0 durch die Menge (5.11) und F vollständig bestimmt ist. Wegen Theorem 17 ist G zu F/R isomorph, wobei R die Relationengruppe von G ist. Da R die Menge aller Wörter $r(x_1, x_2, \ldots, x_n)$ ist, derart, daß $r(g_1, g_2, \ldots, g_n) = 1$ eine Relation in G ist, folgt, daß jedes Element aus R_0 zu R gehört, das heißt aber

$$R_0 \leqslant R \,. \tag{5.14}$$

Wir werden sagen, daß G durch die Erzeugenden $g_1, g_2, \ldots, g_n$ und die Relationen (5.11) definiert ist oder kürzer, daß (5.11) eine Menge von *definierenden Relationen* von G ist, wenn gilt:

$$R_0 = R \,. \tag{5.15}$$

Informativer ausgedrückt sagt (5.15), daß die gegebenen Bedingungen (5.11) und ihre Folgerelationen jede denkbare Information über die Struktur von G beinhalten, vorausgesetzt, daß von Anfang an angenommen wurde, daß G von n Elementen erzeugt ist. Dabei brauchen wir nicht zu fordern, daß die Erzeugenden oder die Menge der Relationen nicht weiter reduzierbar sind. In den meisten praktischen Fällen ist eine kleine Anzahl von Relationen für die Definition einer Gruppe ausreichend. Trotzdem ist, solange (5.11) nicht leer ist, der normale Abschluß eine unendliche Gruppe, welche in der Regel kompliziert zu berechnen ist und man muß deshalb oft zu indirekten Methoden Zuflucht nehmen.

Als nächstes müssen wir das folgende Existenzproblem untersuchen: Gegeben sei eine Menge von Relationen (5.11); existiert eine Gruppe G mit n Erzeugenden, für welche (5.11) eine Menge von definierenden Relationen ist? Eine einfache Konstruktion zeigt, daß diese Frage positiv beantwortet werden kann. Wir gehen von (5.11) aus, bilden den normalen Abschluß R_0 und setzen

$$G_0 = F/R_0 \,. \tag{5.16}$$

Diese Gruppe wird durch die n Nebenklassen

$$g_i^0 = x_i R_0 \quad (i = 1, 2, \ldots, n)$$

erzeugt, welche alle die Relationen (5.11) erfüllen. Denn tatsächlich gilt

$$\rho_k(g_1^0, g_2^0, \ldots, g_n^0) = \rho_k(x_1, x_2, \ldots, x_n)R_0 = r_k R_0 = R_0 \,,$$

weil $r_k \in R_0$. Es sei nun vorausgesetzt, daß R die am Ende von Abschnitt 32 (Seite 93) definierte Relationengruppe ist. Dann ist

$$G_0 \cong F/R \,.$$

Wenn $r(x_1, x_2, \ldots, x_n)$ ein beliebiges Element aus R ist, dann wird dies zu einer Relation für G_0, wenn man die x_i durch die g_i^0 ersetzt $(i = 1, 2, \ldots, n)$. Also erhalten wir

$$r(g_1^0, g_2^0, \ldots, g_n^0) = r(x_1, x_2, \ldots, x_n)R_0 = R_0$$

und daher $r \in R_0$. Dies bedeutet $R \leqslant R_0$, was zusammen mit (5.14) die Gleichheit (5.15) impliziert. Somit ist (5.11) eine Menge von definierenden Relationen für G_0. Falls $R_0 = F$ ist, erfüllt nur die triviale Gruppe (5.11).

Die eben konstruierte Gruppe G_0 ist die „größte" oder „freieste" Gruppe, welche (5.11) erfüllt. Dies wird durch das folgende Theorem genauer beschrieben.

Theorem 18: Es sei $G = gp\,\{g_1, g_2, \ldots, g_n\}$ eine Gruppe mit den definierenden Relationen

$$\rho_k(g_1, g_2, \ldots, g_n) = 1_G \quad (k = 1, 2, \ldots, m) \,. \tag{5.17}$$

Es sei weiters $H = gp\,\{h_1, h_2, \ldots, h_n\}$ eine Gruppe, die die gleichen Relationen, nämlich

$$\rho_k(h_1, h_2, \ldots, h_n) = 1_H \quad (k = 1, 2, \ldots, m)$$

und möglicherweise auch noch andere, die keine Folgerelationen von diesen sind, erfüllt. Dann ist H ein homomorphes Bild von G, vermöge der Abbildung $\epsilon: G \to H$, gegeben durch:

$$g_i \epsilon = h_i \quad (i = 1, 2, \ldots, n) \,.$$

Beweis: Da sowohl G als auch H n Erzeugende besitzen, existieren die Epimorphismen

$$\theta: F \to G, \quad \eta: F \to H,$$

mit den Kernen R und S, die die Relationengruppen von G beziehungsweise H sind. In der Bezeichnung (5.14) heißt dies

$$R = R_0 \,,$$

weil (5.17) eine Menge von definierenden Relationen für G ist. Die Voraussetzung über H ist gleichwertig mit der Behauptung

$$S \geqslant R_0 \; (= R) \,. \tag{5.18}$$

Wir kommen nun zur Konstruktion der Abbildung

$$\epsilon: G \to H$$

(siehe Bild 2). Es sei $u = w(g_1, g_2, \ldots, g_n)$ ein beliebiges Element aus G.

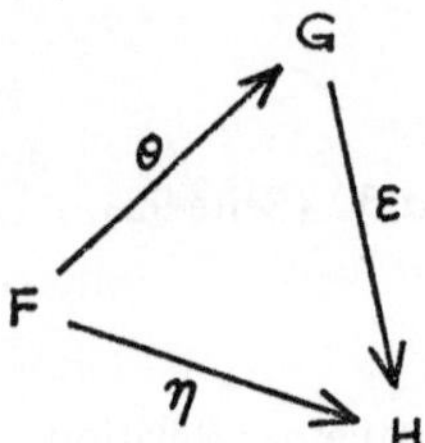

Bild 2

Da θ ein Epimorphismus ist, existiert ein z aus F, zum Beispiel $z = w(x_1, x_2, \ldots, x_n)$ (siehe (5.7)), so daß gilt

$$z\theta = u \, . \tag{5.19}$$

Für ein gegebenes u ist die allgemeinste Lösung von (5.19) zr, wobei r ein beliebiges Element aus R ist. Denn $z\theta = z'\theta$ gilt genau dann, wenn $z^{-1}z'$ zu R gehört. Wir behaupten nun, falls z (5.19) erfüllt, daß dann die Gleichung

$$u\epsilon = z\eta \tag{5.20}$$

eine wohldefinierte Abbildung ϵ von G auf H definiert; das heißt, wir müssen zeigen, daß die rechte Seite von (5.20) unverändert bleibt, wenn wir z durch zr ersetzen. Es gilt jedoch

$$(zr)\eta = (z\eta)(r\eta) = z\eta$$

wegen (5.18): $r \in S$ und daher $r\eta = 1_H$. Man kann leicht die Gleichung

$$(u_1\epsilon)(u_2\epsilon) = (u_1 u_2)\epsilon$$

nachweisen, so daß also ϵ tatsächlich ein Homomorphismus ist. Falls insbesondere $u = g_i$ ist, setzen wir $z = x_i$ und erhalten

$$g_i\epsilon = x_i = h_i \quad (i = 1, 2, \ldots, n) \, ,$$

was klarerweise ϵ vollständig festlegt. Dies zeigt, daß ϵ ein Epimorphismus ist.

Es ist lehrreich, das auf Seite 34 schon behandelte Beispiel nochmals zu untersuchen. Es sei $G = \mathrm{gp}\{a, b\}$ wie in (2.27), definiert durch die Relationen

$$a^3 = c^2 = (ac)^2 = 1 \, . \tag{5.21}$$

Wir verwenden die durch x und y frei erzeugte Gruppe F und ordnen den drei Relationen (5.21) die Elemente

$$r_1 = x^3, \; r_2 = y^2, \; r_3 = (xy)^2$$

zu. Es sei

$$R_0 = \{r_1, r_2, r_3\}^F$$

und $G_0 = F/R_0$. Die Elemente von G_0 sind die Nebenklassen wR_0, mit $w \in F$ und man sieht leicht ein, daß es nur folgende Nebenklassen gibt:

$$R_0, xR_0, x^2R_0, yR_0, yxR_0, yx^2R_0 \, . \tag{5.22}$$

Zum Beispiel ist $xyR_0 = yx^2R_0$, weil $xy = yx^2r$, wobei

$$r = r_1^{-1}(xr_2^{-1}x^{-1})r_3$$

ein Element von R_0 ist. Zu diesem Zeitpunkt können wir noch nicht beweisen, daß die sechs Nebenklassen (5.22) alle voneinander verschieden sind; denn weitere versteckte Folgerelationen könnten dazu führen, daß einige von ihnen gleich sind. Allerdings wissen wir, daß gilt: $|G_0| \leqslant 6$ und falls H eine von zwei Elementen erzeugte Gruppe ist, die (5.21) erfüllt, daß dann H ein homomorphes Bild von G_0 ist, also $|H| \leqslant |G_0|$. Nun ist es aber so, daß $H = S_3$ diese Anforderungen erfüllt. Denn S_3 wird durch

$$\alpha = (1\ \ 2\ \ 3) \quad \text{und} \quad \gamma = (1\ \ 2)$$

erzeugt und es gilt

$$\alpha^3 = \gamma^2 = (\alpha\gamma)^2 = \iota.$$

Da aber $|S_3| = 6$ ist, schließen wir $|G_0| = 6$ und daher $G_0 \cong S_3$.

Als weitere Anwendung dieser Ideen können wir noch anführen, wie wir eine Gruppe G „abelsch machen", das heißt wir gehen von G zu G/G′ über, welche die größte zu G homomorphe abelsche Gruppe ist. Dies läuft darauf hinaus, daß wir zu den definierenden Relationen für G noch die Relationen

$$g_i^{-1}g_j^{-1}g_ig_j = 1 \quad (i < j)$$

hinzufügen. Die Struktur von G/G′ kann dann direkt durch die Methoden des Kapitels IV gefunden werden.

Beispiel: Berechne die Struktur von G/G′ wenn G die Quaternionengruppe

$$a^4 = 1, \quad a^2 = b^2, \quad ba = a^3b \tag{5.17}$$

ist. Die abelsche Gruppe wird durch $\bar{a} = aG′$ und $\bar{b} = bG′$ erzeugt, welche in additiver Schreibweise die folgenden, von (5.17) abgeleiteten Relationen erfüllen:

$$4\bar{a} = 0, \quad 2\bar{a} = 2\bar{b}, \quad \bar{b} + \bar{a} = 3\bar{a} + \bar{b}.$$

Diese Gleichungen reduzieren sich zu

$$2\bar{a} = 2\bar{b} = 0.$$

Die entsprechende Relationenmatrix ist schon in Diagonalform und daraus können wir

$$G/G′ \cong C_2 \oplus C_2$$

ableiten.

Wenn die freie Gruppe F über $x_1, x_2, \ldots, x_m$ auf diese Weise abelsch gemacht wird, erkennen wir: $F/F′ = \langle \bar{x}_1, \bar{x}_2, \ldots, \bar{x}_n \rangle$ (siehe Seite 72), mit $\bar{x}_i = x_iF′$. Also ist $F/F′$ eine freie abelsche Gruppe mit n Erzeugenden. Nebenbei folgt aus dieser Bemerkung, daß freie Gruppen mit verschiedener Anzahl von Erzeugenden nicht isomorph sein können. Denn es seien F_m und F_n freie Gruppen mit m, beziehungsweise n Erzeugenden und wir nehmen an, sie seien isomorph. Dann wären auch $F_m/F_m′$ und $F_n/F_n′$ isomorph. Doch dies sind freie abelsche Gruppen mit m beziehungsweise n Erzeugenden und wir wissen, daß sie nicht isomorph sein können, solange nicht m = n gilt (Seite 74).

Schließlich wollen wir noch ohne Beweis das wichtige, aber schwierig zu beweisende Theorem *) erwähnen, welches aussagt, daß *jede Untergruppe einer freien Gruppe wieder eine freie Gruppe ist.*

Übungen

1. Zeige, daß die Kommutatorgruppe einer freien Gruppe aus solchen Wörtern besteht, in denen die Summe der Exponenten eines jeden Erzeugenden gleich null beträgt (z.B. $x_1 x_2^{-1} x_1^{-2} x_2 x_1$).

2. Berechne die Struktur von G/G', wenn G folgendermaßen gegeben ist: (i) $a^6 = b^2 = (ab)^2 = 1$; (ii) $a^6 = 1$, $b^2 = (ab)^2 = a^3$.

3. Beweise, wenn G von a und b erzeugt ist und den Relationen $a^{-1}ba = b^2$ und $b^{-1}ab = a^2$ unterliegt, dann ist $G = \{1\}$.

---

*) Marshall Hall Jr., Seite 96.

VI. Reihen von Untergruppen

34. Reihen von Untergruppen

Wenn man in der Mathematik komplizierte Objekte untersucht, ist es üblich, diese in einfachere „irreduzible" Komponenten aufzulösen. So werden ganze Zahlen in Primzahlen, Polynome in irreduzible Faktoren zerlegt und so weiter. Damit so eine Zerlegung auch Bedeutung hat, muß diese gewisse eindeutige Eigenschaften haben, aus denen man die der Struktur innewohnenden Gesetze erkennen kann.

Im Falle einer Gruppe G besteht die Methode darin, daß man gewisse absteigende oder aufsteigende Folgen von Untergruppen

$$A_1 \geqslant A_2 \geqslant \dots \quad \text{oder} \quad B_1 \leqslant B_2 \leqslant \dots \tag{6.1}$$

mit passenden zusätzlichen Eigenschaften untersucht. Jede dieser Folgen ineinandergeschachtelter Untergruppen ist dazu bestimmt, etwas Licht in die Struktur von G zu bringen; doch zeigt es sich, daß keine davon die Gruppe G vollständig charakterisiert. Die Folgen (6.1) werden in diesem Zusammenhang als *Reihen* von Untergruppen bezeichnet.

35. Der Satz von Jordan-Hölder

Wir erinnern daran, daß man eine Gruppe einfach nennt, wenn sie von der Ordnung größer als 1 ist und sie keine nichttrivialen Normalteiler besitzt. Für beliebige Gruppen beschreibt die folgende Definition einen wichtigen Typ von Normalteilern.

Definition 5: Ein Normalteiler $A\,(\neq G)$ heißt ein *maximaler Normalteiler* von G, wenn außer G und A kein Normalteiler H mit der Eigenschaft

$$G \vartriangleright H \vartriangleright A$$

existiert.

Nach Proposition 10 (Seite 61) ist dies mit der Aussage, daß G/A keine echten Normalteiler besitzt, gleichwertig. Deshalb kann die obige Definition wie folgt neu formuliert werden.

Kriterium: Der Normalteiler $A\,(\neq G)$ ist genau dann ein maximaler Normalteiler, wenn G/A eine einfache Gruppe ist.

Es ist möglich, daß eine Gruppe verschiedene maximale Normalteiler besitzt, die sich sowohl in der Struktur als auch in der Ordnung unterscheiden können.
Wenn G/A von Primzahlordnung ist, dann ist A ein maximaler Normalteiler.
Und falls G einfach ist, dann ist $\{1\}$ der einzige maximale Normalteiler.

Um die Untersuchungen zu vereinfachen, werden wir uns für den Rest dieses Abschnittes auf endliche Gruppen beschränken. Die Ergebnisse gelten auch für gewisse Klassen von unendlichen Gruppen (siehe z.B. A. G. Kurosch, , 1, S. 88 f.; jedoch befassen sich die von uns beabsichtigten Anwendungen nur mit endlichen Gruppen. Falls G nicht einfach ist, dann sei A_1 einer seiner maximalen Normalteiler; als nächstes sei A_2 ein maximaler Normalteiler von A_1, A_3 ein maximaler Normalteiler von A_2 und so weiter. Da die so definierten Gruppen der Reihe nach immer kleinere Ordnungen haben, müssen wir auf alle Fälle einmal zur Einsgruppe kommen. So werden wir zur folgenden Definition geführt.

Definition 6: Eine Folge von Untergruppen

$$A_1, A_2, \dots, A_r \tag{6.2}$$

einer Gruppe $G\ (= A_0)$ heißt eine *Kompositionsreihe* von G, wenn gilt:

$$\text{(i)} \quad G \rhd A_1 \rhd A_2 \rhd \dots A_r \rhd \{1\} \tag{6.3}$$

und

$$\text{(ii)} \quad G/A_1,\ A_1/A_2,\ \dots,\ A_{r-1}/A_r,\ A_r \tag{6.4}$$

sind einfache Gruppen.

Man muß die Definition so verstehen, daß die Gruppe A_i zwar ein Normalteiler von A_{i-1} ist, ja sogar ein maximaler Normalteiler, aber A_i muß kein Normalteiler einer der weiteren vorhergehenden Gruppen der Folge (6.3) sein. Insbesondere ist unter den Gruppen (6.2) nur A_1 notwendigerweise ein Normalteiler von G. Die in (6.4) angeführten Quotientengruppen nennt man die *Kompositionsquotientengruppen* oder die *Kompositionsfaktoren.* Da maximale Normalteiler im allgemeinen nicht eindeutig bestimmt sind, kann eine Gruppe auch mehrere Kompositionsreihen besitzen. Allerdings zeigt das folgende fundamentale Theorem, daß die Kompositionsfaktoren bis auf die Reihenfolge und bis auf Isomorphie eindeutig bestimmt sind. Die Menge der Kompositionsfaktoren stellt daher eine bedeutende Eigenschaft der Gruppe dar.

Theorem 19 (Jordan-Hölder): Die Kompositionsfaktoren in zwei beliebigen Kompositionsreihen einer endlichen Gruppe sind, abgesehen von deren Reihenfolge, zueinander paarweise isomorph.

Beweis: Wir wollen diese Behauptung im Detail untersuchen; es sein

$$G\ (= A_0) \rhd A_1 \rhd A_2 \rhd \dots \rhd A_r \rhd \{1\} \tag{I}$$

und

$$G\ (= B_0) \rhd B_1 \rhd B_2 \rhd \dots \rhd B_s \rhd \{1\} \tag{II}$$

zwei Kompositionsreihen. Falls die Kompositionsfaktoren

$$G/A_1,\ A_1/A_2, \dots, A_{r-1}/A_r,\ A_r \tag{I$'$}$$

und

$$G/B_1,\ B_1/B_2,\ \dots,\ B_{s-1}/B_s,\ B_r\ , \tag{II$'$}$$

abgesehen von der Reihenfolge paarweise isomorph sind, werden wir (I) $\sim$ (II) schreiben. Dies legt klarerweise ein Äquivalenzrelation in der Menge aller möglichen Kompositionsreihen fest und unser Ziel ist es, zu zeigen, daß alle Kompositionsreihen in diesem Sinne äquivalent sind. Man beachte insbesondere, daß (I) $\sim$ (II) impliziert, daß $r = s$ gilt.

Falls G einfach ist, lautet die einzig mögliche Kompositionsreihe $G \rhd \{1\}$. In diesem Fall sind die Reihen (I) und (II) sogar identisch und wir haben $r = s = 0$. Also gilt das Theorem trivialerweise für einfache Gruppen und im speziellen auch für Gruppen mit einer Ordnung kleiner als 4.

Wir werden nun durch Induktion über $|G|$ fortfahren und dabei die einfachen Gruppen nicht berücksichtigen, das heißt, wir werden $r \geqslant 1$ und $s \geqslant 1$ voraussetzen. Wir haben zwei Fälle zu unterscheiden.

(i) $A_1 = B_1$. Wenn wir den ersten Term in (I) und (II) weglassen, erhalten wir zwei Kompositionsreihen für A_1, nämlich

$$A_1 \rhd A_2 \rhd \dots \rhd A_r \rhd \{1\}$$

und

$$A_1 \rhd B_2 \rhd \dots \rhd B_s \rhd \{1\}.$$

Da $|A_1| < |G|$ ist, folgt aus der Induktionsvoraussetzung, daß die Kompositionsfaktoren

$$A_1/A_2, \quad A_2/A_3, \dots, A_r$$

und

$$A_1/B_2, \quad B_2/B_3, \dots, B_s$$

paarweise isomorph sind. Da die ersten Terme in (I)$'$ und (II)$'$ identisch sind, haben wir (I) $\sim$ (II) und das Theorem ist für diesen Fall bewiesen.

(ii) $A_1 \neq B_1$. Aus $A_1 \lhd G$ und $B_1 \lhd G$ folgt, daß die Gruppe

$$C = A_1 B_1 \ (= B_1 A_1)$$

(siehe Abschnitt 15) ein Normalteiler von G ist und sowohl A_1 als auch B_1 enthält; insbesondere gilt

$$G \geqslant C \geqslant A_1 .$$

Doch A_1 ist ein maximaler Normalteiler von G. Also ist $C = G$ oder $C = A_1$. Die zweite Alternative kann aber nicht gelten, da aus $B_1 < C$ die Bedingung $G > A_1 > B_1$ folgen würde, im Widerspruch zur Maximalität von B_1. Also ist

$$G = A_1 B_1 .$$

Es sei $D = A_1 \cap B_1$. Aus dem Theorem 10 (Seite 64) erhalten wir

$$G/A_1 \cong B_1/D \quad \text{und} \quad G/B_1 \cong A_1/D . \tag{6.5}$$

Nach Definition sind aber G/A_1 und G/B_1 einfache Gruppen und somit auch B_1/D und A_1/D, das heißt D ist sowohl von A_1 als auch von B_1 ein maximaler Normalteiler. Es sei

$$D \rhd D_1 \rhd \dots \rhd D_t \rhd \{1\}$$

eine Kompositionsreihe von D. Dann können wir für G zwei Kompositionsreiehen konstruieren, nämlich

$$G \rhd A_1 \rhd D_1 \rhd \dots \rhd D_t \rhd \{1\} \tag{III}$$

und

$$G \rhd B_1 \rhd D_1 \rhd \dots \rhd D_t \rhd \{1\}. \tag{IV}$$

Tatsächlich sind alle Kompositionsfaktoren

$$G/A_1, \quad A_1/D, \quad \vdots \quad D/D_1, \dots, D_t \tag{III$'$}$$

und

$$G/B_1, \quad B_1/D, \quad \vdots \quad D/D_1, \dots, D_t \tag{IV$'$}$$

einfache Gruppen, wie eben festgestellt wurde. Die Kompositionsfaktoren auf der rechten Seite der gestrichelten Linie in (III)$'$ und (IV)$'$ sind identisch, während diejenigen auf der linken Seite kreuzweise zueinander isomorph sind. Also gilt (III) $\sim$ (IV). Nun stimmen (I) und (III) in den ersten beiden Termen überein und wir haben die in (i) diskutierte Situation. Also ist (I) $\sim$ (III). Ganz analog gilt (II) $\sim$ (IV). Daher schließen wir (I) $\sim$ (II). Damit ist das Theorem bewiesen.

Wir geben dazu zwei eher triviale Beispiele an, da wir bis jetzt noch keine einfache Gruppen mit zusammengesetzter Ordnung kennengelernt haben (siehe Seite 119)

1. Es sei G die nichtabelsche Gruppe der Ordnung 6 (Seite 40). Sie kann durch die Relationen

$$a^3 = b^2 = (ab)^2 = 1$$

definiert werden. Die Untergruppe $A = \text{gp}\{a\}$ besitzt die Ordnung 3 und den Index 2 in G. Also ist $A \lhd G$ (Seite 54 (iv)) und

$$G \rhd A \rhd \{1\}$$

ist eine Kompositionsreihe, weil die Faktoren

$$G/A \cong C_2 \quad \text{und} \quad A \cong C_3 \tag{6.6}$$

Primzahlordnung haben und daher einfach sind.

2. Es sei $G = \text{gp}\{s\}$, die zyklische Gruppe der Ordnung 6. Dann ist $A_2 = \text{gp}\{s^2\}$ eine Untergruppe der Ordnung 3 und da alle Untergruppen einer abelschen Gruppe Normalteiler sind, erhalten wir eine Kompositionsreihe

$$G \rhd A_2 \rhd \{1\}$$

mit den Faktoren

$$G/A_2 \cong C_2 \quad \text{und} \quad A_2 \cong C_3 \,. \tag{6.7}$$

Andererseits können wir von der Untergruppe $A_3 = \text{gp}\{s^3\}$ von der Ordnung 2 ausgehen und die Kompositionsreihe

$$G \rhd A_3 \rhd \{1\}$$

konstruieren, deren Faktoren

$$G/A_3 \cong C_3 \quad \text{und} \quad A_3 \cong C_2$$

die gleichen wie in (6.7) sind, jedoch in umgekehrter Reihenfolge.

Wir sehen, daß in 1. und 2. dieselben Kompositionsfaktoren auftreten, obwohl die Gruppen nicht isomorph sind. In beiden Fällen sind die Ordnungen der Kompositionsfaktoren Primzahlen. Diese Eigenschaft charakterisiert eine sehr bedeutende Klasse von Gruppen, die wir im nächsten Abschnitt untersuchen werden.

36. Auflösbare Gruppen

Definition 7: Eine endliche Gruppe heißt *auflösbar*, wenn alle ihre Kompositionsfaktoren Primzahlordnung besitzen.

Die folgende Proposition kann oft dazu benutzt werden, um zu entscheiden, ob eine Gruppe auflösbar ist.

Proposition 15: Die endliche Gruppe G ist auflösbar, wenn sie einen Normalteiler H besitzt, mit der Eigenschaft, daß H und G/H auflösbar ist.

Beweis: Wenn obige Bedingungen erfüllt sind, haben wir die Kompositionsreihen

$$H \rhd H_1 \rhd \ldots \rhd H_r \rhd \{1\} \tag{6.8}$$

und

$$G/H \rhd G_1/H \rhd \ldots \rhd G_s/H \rhd H . \tag{6.9}$$

(Wir erinnern daran, daß jede Untergruppe von G/H in der Form A/H geschrieben werden kann und daß H das Einselement von G/H ist.) Nach Voraussetzung sind die Kompositionsfaktoren von (6.8) und (6.9) von Primzahlordnung und insbesondere hat G_s/H Primzahlordnung. Nach Theorem 9 (Seite 62) gilt:

$$\frac{G_{i-1}/H}{G_i/H} \cong G_{i-1}/G_i \quad (G_0 = G)$$

und daraus folgt, daß

$$G \rhd G_1 \rhd \ldots \rhd G_s \rhd H \rhd H_1 \rhd \ldots \rhd H_r \rhd \{1\}$$

eine Kompositionsreihe für G ist, in der jeder Kompositionsfaktor von Primzahlordnung ist. Also ist G auflösbar. Die Nützlichkeit dieses Ergebnisses ersieht man aus folgenden Anwendungen.

Proposition 16: Alle endlichen abelschen Gruppen sind auflösbar.

Beweis: Es sei A eine endliche abelsche Gruppe. Für $|A| = p$, mit einer Primzahl p, zeigt die Kompositionsreihe

$$A \rhd \{1\}$$

die Auflösbarkeit von A. Wir verwenden nun Induktion über $|A|$ und setzen voraus, daß $|A|$ keine Primzahl ist. Dann besitzt A eine echte Untergruppe H, die sogar Normalteiler von A ist (Übung 4, Kapitel II, Seite 47). Weil H und A/H abelsche Gruppen von kleinerer Ordnung als $|A|$ sind, folgt aus der Induktionsvoraussetzung, daß H und A/H auflösbar sind. Also ist A wegen Proposition 15 auflösbar.

Proposition 17: Alle endlichen p-Gruppen sind auflösbar.

Beweis: Es sei P eine endliche Gruppe mit $|P| = p^n$, wobei p eine Primzahl ist. Für $n = 1$ ist P sicher auflösbar; somit können wir Induktion über n anwenden. Nach Theorem 7 (Seite 51) ist das Zentrum Z von P nichttrivial und es gilt natürlich $Z \lhd P$. Nun ist aber Z auflösbar, weil Z abelsch ist. P/Z ist eine p-Gruppe mit einer Ordnung kleiner als p^n. Daher ist P/Z nach Induktionsvoraussetzung auflösbar und somit auch P, vermöge der Proposition 15.

Schließlich erwähnen wir noch eine Charakterisierung von auflösbaren Gruppen, die dem Anschein nach nicht so strenge Bedingungen verlangt, wie die ursprüngliche Definition 7.

Proposition 18: Eine endliche Gruppe G ist dann und nur dann auflösbar, wenn sie Untergruppen $B_1, B_2, \ldots, B_s$ besitzt, so daß gilt:

$$G \rhd B_1 \rhd B_2 \rhd \ldots \rhd B_s \rhd \{1\} \tag{6.10}$$

(mit $B_0 = G$, $B_{s+1} = \{1\}$), wobei

$$B_{i-1}/B_i \text{ abelsch ist } (i = 1, 2, \ldots, s+1) . \tag{6.11}$$

Beweis: Falls G auflösbar ist, existiert nach Definition eine Reihe (6.10) in der B_{i-1}/B_i von Primzahlordnung und daher abelsch ist. Sei umgekehrt angenommen, daß (6.10) und (6.11) gilt. Wir können annehmen, daß in (6.10) keine überflüssigen Terme aufscheinen, so daß also jede Gruppe eine echte Untergruppe ihres Vorgängers ist. Wir gehen nach Induktion über $|G|$ vor. Wenn wir den ersten Term in (6.10) weglassen, erhalten wir eine Reihe für B_1, was nach Induktionsvoraussetzung die Auflösbarkeit von B_1 impliziert. Setzen wir in (6.11) $i = 1$, sehen wir, daß G/B_1 abelsch und daher auflösbar ist. Daher ist G wegen Proposition 15 auflösbar.

37. Kommutatorreihen

Die Kommutatorgruppe G' von G und einige ihrer Eigenschaften wurde in Abschnitt 23 eingeführt. Wir erinnern (Theorem 11), daß G' der kleinste Normalteiler von G ist, so daß die Quotientengruppe abelsch wird. Der Prozeß der Kommutatorgruppenbildung kann nun iterativ fortgeführt werden. Somit konstruieren wir die Folge

$$G \,(= G^0), \; G', \; G'' = (G')', \ldots, \; G^{(i)} = (G^{(i-1)})', \ldots .$$

Wegen $G^{(i)} \leqslant G^{(i-1)}$ können wir schreiben

$$G \geqslant G' \geqslant G'' \geqslant \ldots \geqslant G^{(i)} \geqslant \ldots . \tag{6.12}$$

Dies wird die *Kommutatorreihe* von G genannt. Jede Gruppe in (6.12) ist nicht nur ein Normalteiler seines Vorgängers, sondern auch eine charakteristische Untergruppe und daher auch Normalteiler in G (siehe Beispiel 14, Kapitel III). Die Reihe kann stationär werden, das heißt es ist $G^{(i+1)} = G^{(i)}$ für ein i. Sicher tritt dies ein, wenn G endlich ist. Der interessanteste Fall ist jener, in dem (6.12) mit der Einsgruppe endet, da dies zu einer anderen Beschreibung von auflösbaren Gruppen führt.

Theorem 20: Die endliche Gruppe G ist dann und nur dann auflösbar, wenn ihre Kommutatorreihe mit der Einsgruppe endet, das heißt, wenn für eine nichtnegative ganze Zahl s gilt $G^{(s)} = \{1\}$.

Beweis: (i) Es sei $G^{(s)} = \{1\}$ angenommen, so daß die Kommutatorreihe lautet:

$$G > G' > \ldots > G^{(s-1)} > \{1\}. \tag{6.13}$$

Nach Theorem 11 ist $G^{(i-1)}/G^{(i)}$ abelsch. Also erfüllt (6.13) die Bedingungen von Proposition 18 und es folgt, daß G auflösbar ist.

(ii) Angenommen, G ist auflösbar und besitzt daher eine Reihe mit den Eigenschaften (6.10) und (6.11). Wir behaupten:

$$G^{(i)} \leqslant B_i \quad (i = 1, 2, \ldots) . \tag{6.14}$$

Denn da G/B_1 abelsch ist, folgern wir aus Theorem 11: $G' \leqslant B_1$. Die Induktionsvoraussetzung sei nun $G^{(i-1)} \leqslant B_{i-1}$. Aus der Definition der Kommutatorgruppe folgt klarerweise, daß $K \leqslant L$ immer $K' \leqslant L'$ impliziert. Also ist

$$G^{(i)} = (G^{(i-1)})' \leqslant B_{i-1}' \; .$$

Weil B_{i-1}/B_i abelsch ist, schließen wir wiederum aus Theorem 11, daß $B_{i-1}' \leqslant B_i$ und daher $G^{(i)} \leqslant B_i$ gilt. Dies bestätigt die Behauptung (6.14). Für $i = s+1$ lautet das Ergebnis

$$G^{(s+1)} \leqslant B_{s+1} = \{1\}.$$

Also endet die Kommutatorreihe mit der Einsgruppe.

38. Nilpotente Gruppen

In diesem Abschnitt werden wir eine Klasse von Gruppen einführen, deren Struktur hauptsächlich durch die Analysis geprägt wurde. Wir beginnen damit, daß wir die in Abschnitt 23 (Seite 64) definierte Schreibweise eines Kommutators verallgemeinern. Zu beliebigen Teilmengen A und B von G können wir die Untergruppe

$$[A, B] = \mathrm{gp}\,\{[a, b] \mid a \in A, b \in B\} \tag{6.15}$$

bilden. Aus

$$[a, b]^{-1} = (a^{-1}b^{-1}ab)^{-1} = b^{-1}a^{-1}ba = [b, a]$$

folgt

$$[A, B] = [B, A]\,, \tag{6.16}$$

weil die Bildung des Inversen eines jeden Erzeugenden in (6.15) nichts am Ergebnis der erzeugten Gruppe ändert. Klarerweise folgt auch aus $B \leqslant C$ die Inklusion $[A, B] \leqslant [A, C]$.

Einer beliebigen Gruppe G ordnen wir eine Folge von Untergruppen zu, die induktiv folgendermaßen definiert ist:

$$\Gamma_1 = G, \quad \Gamma_2 = [G, G] = G', \ldots, \Gamma_{k+1} = [\Gamma_k, G]\,. \tag{6.17}$$

Wir werden zeigen, daß $\Gamma_{k+1} \leqslant \Gamma_k$ für $k = 1, 2, \ldots$, gilt. Dies ist für $k = 1$ trivial. Wenn wir annehmen, daß $\Gamma_k \leqslant \Gamma_{k-1}$ $(k > 1)$ gilt, schließen wir daraus $\Gamma_{k+1} = [\Gamma_k, G] \leqslant [\Gamma_{k-1}, G] = \Gamma_k$. Also ist (6.17) tatsächlich eine absteigende Reihe

$$G = \Gamma_1 \geqslant \Gamma_2 \geqslant \ldots \geqslant \Gamma_k \geqslant \Gamma_{k+1} \geqslant \ldots \; . \tag{6.18}$$

Jedes Γ_k ist eine charakteristische Untergruppe von G, das heißt, für alle Automorphismen α von G gilt $\Gamma_k \alpha = \Gamma_k$ (siehe (3.50), Seite 67). Denn weil $\alpha \colon G \to G$ ein Homomorphismus ist, erhalten wir $[a, b]\alpha = [a\alpha, b\alpha]$ und daher $[A, B]\alpha = [A\alpha, B\alpha]$. Nun ist $G\alpha = G$ und $\Gamma_{k+1}\alpha = [\Gamma_k\alpha, G]$. Wenn wir schon gezeigt haben, daß $\Gamma_k \alpha = \Gamma_k$, was trivialerweise für $k = 1$ gilt, dann folgt $\Gamma_{k+1}\alpha = [\Gamma_k, G] = \Gamma_{k+1}$. Dies beweist:

$$\Gamma_k \alpha = \Gamma_k \quad (k = 1, 2, 3, \ldots)\,.$$

Konsequenterweise gilt $\Gamma_k \lhd G$ $(k = 1, 2, 3, \ldots)$ und um so mehr auch $\Gamma_{k+1} \lhd \Gamma_k$. Eine weniger augenfällige Eigenschaft von (6.18) wird durch die folgende Proposition ausgedrückt.

Proposition 19: Die Quotientengruppe Γ_k/Γ_{k+1} liegt im Zentrum von G/Γ_{k+1} $(k = 1, 2, \ldots)$.

Beweis: Es sei $\nu\colon G \to G/\Gamma_{k+1}$ die natürliche Abbildung von G auf G/Γ_{k+1}, also $x\nu = x\Gamma_{k+1} = \bar{x}$ für $x \in G$. Jedes Element aus Γ_k/Γ_{k+1} ist durch $\bar{u} = u\Gamma_{k+1}$ mit $u \in \Gamma_k$ gegeben. Wir müssen zeigen, daß $\bar{u}$ und $\bar{x}$ für alle x kommutieren, das heißt, wir müssen $[\bar{u}, \bar{x}] = \bar{1}$ nachweisen, wobei $\bar{1}$ das Einselement von G/Γ_{k+1} ist. Nun gilt

$$[\bar{u}, \bar{x}] = [u\nu, x\nu] = [u, x]\nu .$$

Nach Definition von Γ_{k+1} ist $[u, x] \in \Gamma_{k+1}$. Also ist $[u, x]\nu = \bar{1}$, was unsere Behauptung beweist.

Als nächstes werden wir eine aufsteigende Reihe für eine beliebige Gruppe G definieren. Die Konstruktion basiert auf folgender Bemerkung.

Lemma: Es sei U eine charakteristische Untergruppe von G und V/U das Zentrum von G/U. Dann ist V eine charakteristische Untergruppe von G.

Beweis: Die Gruppe V kann als die größte Untergruppe von G beschrieben werden, die mit G „modulo U" kommutiert, das heißt

$$[V, G] \leqslant U .$$

Denn, wenn wir die natürliche Abbildung $\mu\colon G \to G/U$ anwenden, die U „auslöscht", wird die obige Relation zu $[V\mu, G\mu] = \{\bar{1}\}$, wobei $\bar{1}$ das Einselement von G/U ist; dies bedeutet, daß jedes Element von $V/U (= V\mu)$ mit jedem Element von $G/U (= G\mu)$ kommutiert. Es sei nun α ein Automorphismus von G. Dann gilt $[V\alpha, G] \leqslant U\alpha$. Nach Voraussetzung ist $U\alpha = U$ und daher $[V\alpha, G] \leqslant U$. Also folgt wegen der Maximalität von $V\colon V\alpha \subset V$. Wenn wir anstelle von den Automorphismus α^{-1} anwenden, leiten wir in analoger Weise $V\alpha^{-1} \subset V$, also $V \subset V\alpha$ ab. Also ist $V\alpha = V$ und somit V eine charakteristische Untergruppe.

Wir nehmen nun $Z_0 = \{1\}$ und Z_1 als das Zentrum von G. Da Z_1 eine charakteristische Untergruppe von G ist, schließen wir aus dem Lemma, daß eine charakteristische Untergruppe Z_2 existiert, so daß Z_1/Z_2 das Zentrum von G/Z_1 ist. So induktiv fortfahrend, definieren wir Z_{j+1} durch die Eigenschaft, daß Z_{j+1}/Z_j das Zentrum von G/Z_j ist. Damit konstruieren wir eine aufsteigende Reihe von charakteristischen Untergruppen

$$\{1\} = Z_0 \leqslant Z_1 \leqslant \ldots \leqslant Z_j \leqslant \ldots . \tag{6.19}$$

Wie wir schon bemerkt haben, existieren die Reihen (6.18) und (6.19) für jede beliebige Gruppe G, aber sie können nur auf einen einzigen Term zusammenschrumpfen, wenn $G = G' (= \Gamma_2)$ beziehungsweise wenn $Z_1 = \{1\}$ ist. Wir sind mehr am entgegengesetzten Fall interessiert, wenn sich die Reihen in ihrer maximalen Länge von G selbst bis hinunter zur Einsgruppe $\{1\}$ erstrecken.

Definition 8: (i) Man sagt, daß eine Gruppe G eine *untere (absteigende) Zentralreihe* der Länge r besitzt, wenn

$$G = \Gamma_1 > \Gamma_2 > \ldots > \Gamma_k > \ldots > \Gamma_r > \Gamma_{r+1} = \{1\}, \tag{6.20}$$

mit $\Gamma_{k+1} = [\Gamma_k, G]$ $(k = 1, 2, \ldots, r)$ existiert.

(ii) Man sagt, daß G eine *obere (aufsteigende) Zentralreihe* der Länge s besitzt, wenn

$$\{1\} = Z_0 < Z_1 < \ldots < Z_j < \ldots < Z_s = G, \tag{6.21}$$

existiert, wobei Z_j/Z_{j-1} das Zentrum von G/Z_{j-1} ist $(j = 1, 2, \ldots, s)$.

Z_j kann wie im Lemma als die größte Untergruppe von G charakterisiert werden, die die Eigenschaft

$$[Z_j, G] \leqslant Z_{j-1} \tag{6.22}$$

besitzt.

Es gibt einige bemerkenswerte Beziehungen zwischen den Termen der beiden Zentralreihen. So werden wir finden, daß im Falle der Existenz einer Reihe auch die andere Reihe existiert und beide dieselbe Länge haben.

Zuerst wollen wir voraussetzen, daß G eine untere Zentralreihe der Länge r besitzt, so daß also (6.20) gilt und wir betrachten die Reihe (6.19) für diese Gruppe. Wir behaupten:

$$\Gamma_{r+1-i} \leqslant Z_i \quad (i = 0, 1, \ldots, r). \tag{6.23}$$

Dies ist offensichtlich wahr für $i = 0$. Wir nehmen als Induktionsvoraussetzung an, daß (6.23) für einen bestimmten Wert von i gilt und wollen daraus $\Gamma_{r-i} \leqslant Z_{i+1}$ schließen. Weil $\Gamma_{r+1-i} = [\Gamma_{r-i}, G]$ ist, besagt unsere Behauptung $[\Gamma_{r-i}, G] \leqslant Z_i$. Wegen (6.22) ist Z_{i+1} die größte Untergruppe mit der Eigenschaft $[Z_{i+1}, G] \leqslant Z_i$. Daraus folgt $\Gamma_{r-i} \leqslant Z_{i+1}$, was (6.23) für alle Werte von i beweist. Insbesondere erhalten wir für $i = r$, $\Gamma_1 = G \leqslant Z_r$. Dies bedeutet aber $Z_r = G$. Daher endet (6.19) mit G in maximal r Schritten, das heißt, daß G eine obere Zentralreihe von der Länge s besitzt, mit

$$s \leqslant r. \tag{6.24}$$

Als Zweites wollen wir annehmen, daß für G die Reihe (6.21) existiert und wir untersuchen nun die Reihe (6.18) für diese Gruppe. Wir behaupten jetzt:

$$\Gamma_i \leqslant Z_{s+1-i} \quad (i = 1, 2, \ldots, s + 1). \tag{6.25}$$

Dies ist wahr für $i = 1$, denn wir haben ja $Z_s = G = \Gamma_1$ vorausgesetzt. Wir gehen wieder mit Induktion vor und setzen voraus, daß (6.25) für einen Wert i gilt; wir wollen dann $\Gamma_{i+1} \leqslant Z_{s-i}$ nachweisen. Tatsächlich erhalten wir wie verlangt: $\Gamma_{i+1} = [\Gamma_i, G] \leqslant [Z_{s+1-i}, G] \leqslant Z_{s-1}$. Setzen wir in (6.25) $i = s + 1$, dann sehen wir $\Gamma_{s+1} \leqslant Z_0 = \{1\}$ also $\Gamma_{s+1} = \{1\}$. Somit endet (6.18) nach maximal $s + 1$ Schritten mit $\{1\}$. Dies beweist, daß G eine untere Zentralreihe von der Länge r, mit $r \leqslant s$ besitzt; dies, zusammen mit (6.24) ergibt $r = s$.

Die vorgehenden Untersuchungen ermöglichen es uns nun, eine Definition der Klassen von Gruppen einzuführen, die am Anfang dieses Abschnittes ins Auge gefaßt wurden.

Definition 9: Man nennt eine Gruppe G *nilpotent*, wenn sie eine obere oder gleichwertig dazu, eine untere Zentralreihe besitzt. Die gemeinsame Länge r dieser Reihen heißt die Potenz von G (englisch: 'nilpotency class of G').

Beispiel 1: Wenn A eine abelsche Gruppe von der Ordnung größer als 1 ist, dann besteht die obere Zentralreihe nur aus

$$\{1\} = Z_0 < Z_1 = A.$$

Also ist die Menge der abelschen Gruppen ($\neq \{1\}$) identisch mit der Menge der nilpotenten Gruppen von der Potenz eins.

Beispiel 2: Endliche p-Gruppen sind nilpotent. Für eine endliche p-Gruppe P besteht das Zentrum Z nach Theorem 7 (Seite 51) nicht nur aus dem Einselement. Nun ist P/Z_1 ebenfalls eine p-Gruppe und daher ist dessen Zentrum Z_2/Z_1 auch nichttrivial, das heißt $Z_1 < Z_2$. Auf gleiche Weise hat P/Z_2 ein Zentrum Z_3/Z_2 mit $Z_2 < Z_3$. Indem wir so fortsetzen, konstruieren wir eine streng ansteigende Reihe

$$\{1\} = Z_0 < Z_1 < Z_2 < Z_3 < \dots .$$

Da P endlich ist, muß diese Reihe abbrechen. Dies geschieht etwa mit $Z_r = P$. Also hat P eine obere Zentralreihe und ist daher nilpotent.

Aus den vielen Ergebnissen über nilpotente Gruppen wählen wir ein interessantes aus, auf welches wir am Ende dieses Buches noch einmal zurückkommen.

Proposition 20: Wenn H eine echte Untergruppe einer nilpotenten Gruppe G ist, dann ist der Normalisator N(H) von H in G echt größer als H.

Beweis: Es sei G eine nilpotente Gruppe der Potenz r. Es ist dann trivialerweise $\{1\} = Z_0 \leqslant H$. Andererseits, da H eine echte Untergruppe ist, gilt $G = Z_r \nleqslant H$. Also existiert eine eindeutig bestimmte Zahl k mit $0 \leqslant k \leqslant r - 1$, so daß gilt:

$$Z_k \leqslant H, \quad Z_{k+1} \nleqslant H. \tag{6.26}$$

Also gibt es ein Element u mit $u \in Z_{k+1}$ und $u \notin H$. Es reicht zu zeigen, daß $u \in N(H)$, das heißt

$$u^{-1} H u = H. \tag{6.27}$$

Sei h_1 ein beliebiges Element von H, dann ist wegen (6.22) und (6.26):

$$[u, h_1] \in [Z_{k+1}, G] = Z_k \leqslant H.$$

Dies bedeutet $u^{-1} h_1^{-1} u h_1 = h_2$, mit $h_2 \in H$. Da h_1^{-1} zusammen mit h_1 ganz H durchläuft, haben wir $u^{-1} H u \subset H$ nachgewiesen. Indem wir dieselbe Argumentation mit u^{-1} anstelle von u durchführen, schließen wir $u H u^{-1} \subset H$, das heißt $H \subset u^{-1} H u$. Dies beweist (6.27).

Übungen

1. Suche eine Kompositionsreihe (i) für die Diedergruppe der Ordnung 8 (Tabelle (xi), Seite 44) und (ii) für die Quaternionengruppe (Tabelle (xii), Seite 44). Berechne für beide Fälle die Kompositionsfaktoren.

2. Beweise, daß jede Untergruppe und jede Quotientengruppe einer auflösbaren Gruppe ebenfalls auflösbar ist.

3. Zeige, daß für beliebige Elemente x, y, z einer Gruppe gilt: (i) $[xy, z] = [x, z]^y [y, z]$; (ii) $[x, yz] = [x, z] [x, y]^z$, wobei $a^t = t^{-1} a t$ ist.

4. Zeige, wenn G nilpotent von der Potenz 2 ist, daß dann G′ im Zentrum von G liegt und leite für solche Gruppen die folgenden Identitäten ab:

$$[xy, z] = [x, z] [y, z], \quad [x, yz] = [x, z] [x, y].$$

5. Beweise, daß jede Untergruppe und jede Faktorgruppe einer nilpotenten Gruppe wiederum nilpotent ist.

6. Es sei G nilpotent von der Potenz 3. Zeige, daß für $v \in G'$ und $x \in G$ gilt, $x^v = cx$, wobei c ein Element des Zentrums von G ist. Leite davon ab, daß G' abelsch ist.

7. Beweise, wenn M eine maximale Untergruppe einer nilpotenten Gruppe G ist, daß dann $M \lhd G$ und $|G/M| = p$ mit einer Primzahl p gilt. (Eine maximale Untergruppe ist eine Untergruppe, die in keiner echten Untergruppe enthalten ist. Unendliche Untergruppen brauchen keine maximalen Untergruppen zu besitzen.)

8. Es sei $D(2^n)$ die Diedergruppe der Ordnung 2^{n+1} (Kapitel II, Übung 7, Seite 48), gegeben durch die Relationen
$$a^{2n} = b^2 = (ab)^2 = 1.$$

Beweise, wenn Z_1 das Zentrum von $D(2^n)$ ist, daß dann gilt $D(2^n)/Z_1 \cong D(2^{n-1})$. Leite daraus ab, daß $D(2^n)$ nilpotent von der Potenz n ist.

VII. Permutationsgruppen

39. Die Konjugiertenklassen von S_n

In Abschnitt 7 (Seite 17–22) führten wir die Familie der symmetrischen Gruppen S_n ($n = 1, 2, \ldots$) ein und wir beschrieben einige ihrer elementaren Eigenschaften. Dieses Kapitel ist dem eingehenderen Studium dieser Gruppen gewidmet. Die symmetrischen Gruppen, zusammen mit ihren Untergruppen spielen nämlich eine fundamentale Rolle in der Theorie der endlichen Gruppen.

In diesem Abschnitt wollen wir S_n in seine Konjugiertenklassen auflösen (siehe Abschnitt 17). Zu diesem Zweck benötigen wir eine Methode, um das Produkt $\tau^{-1}\alpha\tau$ zu berechnen, wobei α und τ beliebige Elemente von S_n sind. Indem wir die Schreibweise (1.43) (Seite 17) verwenden, sei:

$$\alpha = \begin{pmatrix} 1 & 2 & \ldots & n \\ a_1 & a_2 & \ldots & a_n \end{pmatrix} . \tag{7.1}$$

Dieses Symbol wird mit

$$\alpha = \begin{pmatrix} i \\ a_i \end{pmatrix} \tag{7.2}$$

abgekürzt, mit $i = 1, 2, \ldots, n$. Um diese Schreibweise zu vereinfachen, setzen wir

$$\tau = \begin{pmatrix} 1 & 2 & \ldots & n \\ 1' & 2' & \ldots & n' \end{pmatrix} = \begin{pmatrix} i \\ i' \end{pmatrix} \tag{7.3}$$

wobei $1'2'\ldots n'$ die τ entsprechende Anordnung der Zahlen $1\ 2\ \ldots\ n$ ist. Wie auf Seite 17 bemerkt wurde, können die in τ enthaltenen Informationen genausogut in Nicht-standardform dargestellt werden und wir können insbesondere

$$\tau = \begin{pmatrix} a_i \\ a_i' \end{pmatrix} \tag{7.4}$$

schreiben, wobei die erste Zeile in (7.4) die gleiche ist, wie die zweite Zeile in (7.1). Wir erhalten somit

$$\tau^{-1}\alpha\tau = \begin{pmatrix} i' \\ i \end{pmatrix} \begin{pmatrix} i \\ a_i \end{pmatrix} \begin{pmatrix} a_i \\ a_i' \end{pmatrix} = \begin{pmatrix} i' \\ a_i' \end{pmatrix} .$$

Dieses Ergebnis kann folgendermaßen beschrieben werden: um $\tau^{-1}\alpha\tau$ zu gewinnen, operiert man mit τ auf jedes Symbol im Ausdruck für α, das heißt in jeder der beiden Zeilen von (7.1):

$$\tau^{-1}\alpha\tau = \begin{pmatrix} i\tau \\ a_i\tau \end{pmatrix} . \tag{7.5}$$

Beispiel: Es sei $n = 4$ und

$$\alpha = \begin{pmatrix} 1 & 2 & 3 & 4 \\ 2 & 4 & 1 & 3 \end{pmatrix} , \quad \tau = \begin{pmatrix} 1 & 2 & 3 & 4 \\ 1 & 4 & 2 & 3 \end{pmatrix} .$$

Wenn wir τ auf jedes Symbol von α operieren lassen erhalten wir

$$\tau^{-1}\alpha\tau = \begin{pmatrix} 1 & 4 & 2 & 3 \\ 4 & 3 & 1 & 2 \end{pmatrix} = \begin{pmatrix} 1 & 2 & 3 & 4 \\ 4 & 1 & 2 & 3 \end{pmatrix} .$$

Als nächstes wenden wir diesen Vorgang bei einem Zyklus vom Grad m an, etwa

$$\gamma = (a_1 \quad a_2 \quad \dots \quad a_m) = \begin{pmatrix} a_1 & a_2 & \dots & a_{m-1} & a_m \\ a_2 & a_3 & \dots & a_m & a_1 \end{pmatrix} .$$

Dann ist nach (7.5)

$$\tau^{-1}\gamma\tau = \begin{pmatrix} a_1' & a_2' & \dots & a_{m-1}' & a_m' \\ a_2' & a_3' & \dots & a_m' & a_1' \end{pmatrix} = (a_1' \quad a_2' \quad \dots \quad a_m')$$

oder kürzer

$$\tau^{-1}\gamma\tau = (a_1\tau \quad a_2\tau \quad \dots \quad a_m\tau) . \tag{7.6}$$

Wir sahen in Theorem 2 (Seite 22), daß jede Permutation α als ein Produkt von zueinander disjunkten Zyklen angeschrieben werden kann und dies in einer im wesentlichen eindeutigen Weise. Also ist

$$\alpha = \gamma_1\gamma_2 \dots \gamma_r , \tag{7.7}$$

wobei $\gamma_1, \gamma_1, \dots, \gamma_r$ disjunkte Zyklen sind, die jeweils

$$m_1, m_2, \dots, m_r \tag{7.8}$$

Objekte beinhalten. Für unsere Untersuchungen hier ist es von Vorteil, auch die Zyklen von der Länge eins anzuführen, so daß im Produkt (7.7) alle n Objekte aufscheinen. Die Zahlen (7.8) nennt man die *zyklische Partition* von α. Es ist sinnvoll, die Zahlen (7.8) nach ihrer Größe in aufsteigender Reihenfolge anzuordnen. Damit stehen die zyklischen Partitionen in eineindeutiger Beziehung zur Menge der ganzen Zahlen (7.8), die zusätzlich

$$1 \leqslant m_1 \leqslant m_2 \leqslant \dots \leqslant m_r$$

und

$$m_1 + m_2 + \dots + m_r = n , \tag{7.9}$$

mit beliebigem r erfüllen.

Wenn andererseits α e_1 Zyklen vom Grad 1 enthält, e_2 Zyklen vom Grad 2, $\dots, e_n$ Zyklen vom Grad n, dann kann die zyklische Partition von α durch die nichtnegativen ganzen Zahlen

$$e_1, e_2, \dots, e_n ,$$

die die Bedingung

$$e_1 + 2e_2 + \dots + ne_n = n \tag{7.10}$$

erfüllen, beschrieben werden. Die folgende Proposition legt die Beziehung zwischen den zyklischen Partitionen und den Konjugiertenklassen von S_n dar.

Proposition 21: Zwei Permutationen sind in S_n genau dann konjugiert, wenn sie dieselbe zyklische Partition haben.

Beweis: Es sei α in disjunkte Zyklen zerlegt:

$$\alpha = \gamma_1 \gamma_2 \ldots \gamma_r = (x_1 x_2 \ldots)(y_1 y_2 \ldots) \ldots (w_1 w_2 \ldots),$$

wobei die γ_i vom Grad m_i sind und $m_1 + m_2 + \ldots + m_r = n$.

Wenn τ eine beliebige, wie in (7.3) bezeichnete Permutation ist, dann gilt

$$\beta = \tau^{-1} \alpha \tau = (\tau^{-1} \gamma_1 \tau)(\tau^{-1} \gamma_2 \tau) \ldots (\tau^{-1} \gamma_r \tau) =$$
$$= (x_1' x_2' \ldots)(y_1' y_2' \ldots) \ldots (w_1' w_2' \ldots) = \gamma_1' \gamma_2' \ldots \gamma_r',$$

wobei $\gamma_1', \gamma_2', \ldots, \gamma_r'$ disjunkte Zyklen sind, da τ eine eineindeutige Abbildung ist. Also hat β dieselbe zyklische Partition wie α.

Wenn umgekehrt α und β dieselbe zyklische Partition besitzen, dann hat die Permutation

$$\tau = \begin{pmatrix} x_1 & x_2 & \ldots & y_1 & y_2 & \ldots & w_1 & w_2 & \ldots \\ x_1' & x_2' & \ldots & y_1' & y_2' & \ldots & w_1' & w_2' & \ldots \end{pmatrix}$$

die Eigenschaft $\tau^{-1} \alpha \tau = \beta$, so daß also α und β konjugiert sind.

Daher sind genau so viele Konjugiertenklassen in S_n, als es mögliche zyklische Partitionen gibt; genauer ausgedrückt, ist die Anzahl k der Konjugiertenklassen in S_n gleich der Zahl der Zerlegung von n in positive Summanden (7.9) oder in nichtnegative Summanden (7.10). Wenn die zweite Interpretation verwendet wird, wird die Zerlegung oft mit

$$1^{e_1} 2^{e_2} \ldots n^{e_n} \tag{7.11}$$

bezeichnet. Komponenten die nicht auftreten, werden weggelassen; zum Beispiel ist

$$1^3 \; 3 \; 4^2$$

die Zerlegung $1 + 1 + 1 + 3 + 4 + 4$ von 14. Unglücklicherweise gibt es keine einfache Formel, die uns die Klassenzahl k als Funktion von n angibt. Die folgende Tabelle enthält den Wert k für die ersten acht Werte von n:

(xiii)

n	1	2	3	4	5	6	7	8
k	1	2	3	5	7	11	15	22

Zum Beispiel lauten die Zerlegungen (7.11) für $n = 5$:

$$1^5, \; 1^3 2, \; 1^2 3, \; 1 \, 2^2, \; 1 \, 4, \; 2 \, 3, \; 5 \, .$$

Andererseits ist es nicht schwierig, die Anzahl der Elemente einer speziellen Konjugiertenklasse von S_n anzugeben.

Proposition 22 (Cauchy): Es sei α eine Permutation mit der zyklischen Partition $1^{e_1} 2^{e_2} \ldots n^{e_n}$. Dann beträgt die Anzahl h_α der zu α in S_n konjugierten Permutationen

$$h_\alpha = \frac{n!}{1^{e_1} e_1! \; 2^{e_2} e_2! \ldots n^{e_n} e_n!} \tag{7.12}$$

Beweis: Die zyklische Partition von α kann durch das Diagramm

$$(.)(.) \ldots (.)(..)(..) \ldots (..) \quad \ldots \, , \qquad (7.13)$$

mit e_1, e_2

das der Zerlegung (7.11) entspricht, angedeutet werden.

Es sind genau n Plätze in (7.13) und wir erhalten ein Element von S_n dadurch, daß wir die n Objekte in beliebiger Weise in (7.13) einfügen. In jedem Fall ergibt dies eine Permutation, die dieselbe zyklische Partition wie α hat. Es gibt n! solche verschiedenen Anordnungen der Objekte, allerdings führen nicht alle diese Anordnungen zu verschiedenen Elementen von S_n. Betrachte die e_j Zyklen vom Grad j in (7.13), für $1 \leqslant j \leqslant n$. Als erstes können diese e_j Zyklen auf $e_j!$ fache Weise untereinander vertauscht werden, ohne daß das dadurch bestimmte Element von S_n verändert wird; weiters kann jeder Zyklus

$$(a_1 a_2 \ldots a_j)$$

auf j verschiedene Arten geschrieben werden, weil

$$(a_1 a_2 \ldots a_j) = (a_2 a_3 \ldots a_j a_1) = \ldots = (a_j a_1 \ldots a_{j-1}) \, .$$

Somit wurde jedes Element $e_j! j^{e_j}$ mal gezählt, wenn man nur die Zyklen vom Grad j berücksichtigt. Insgesamt wird jedes einzelne Element aus der Konjugiertenklasse von α $1^{e_1} e_1! 2^{e_2} e_2! \ldots n^{e_n} e_n!$ mal wiederholt. Daher ist die Anzahl der verschiedenen Elemente einer Klasse gleich (7.12).

Wir wissen aus Proposition 7 (Seite 51), daß h_α der Index des Zentralisators von α in der Gruppe S_n ist. Daher haben wir folgendes Ergebnis gewonnen.

Proposition 23: Wenn α eine Permutation mit der zyklischen Partition (7.11) ist, dann hat der Zentralisator von α die Ordnung

$$1^{e_1} e_1! 2^{e_2} e_2! \ldots n^{e_n} e_n! \, . \qquad (7.14)$$

Beispiel: Es sei ϕ ein Zyklus welcher alle n Objekte enthält, etwa

$$\phi = (1 \ 2 \ \ldots \ n) \, .$$

In diesem Fall ist $e_1 = e_2 = \ldots e_{n-1} = 0$, $e_n = 1$. Also ist der Zentralisator von ϕ von der Ordnung n. Dabei kommutiert ϕ sicherlich mit den Elementen ($= \phi^0$), ϕ, ϕ^2, $\ldots$, ϕ^{n-1}, das sind n verschiedene Elemente von S_n. Somit ist der Zentralisator gleich der durch ϕ zyklisch erzeugten Gruppe.

40. Transpositionen

Ein Zyklus vom Grad 2 heißt eine *Transposition*. Jede solche Transposition

$$\tau = (ab) \qquad (7.15)$$

vertauscht die Objekte a und b und läßt die übrigen fest. Wir bemerken, daß gilt:

$$\tau^2 = \iota, \ \tau = \tau^{-1}$$

wobei ι die identische Permutation ist. Die Gruppe S_n enthält $\frac{1}{2}n(n-1)$ Transpositionen.

Nun werden wir die Gruppe S_n auf einer Menge von Unbestimmten

$$x_1, x_2, \ldots, x_n \tag{7.16}$$

wirken lassen. Das heißt, wenn α die Zahl i in a_i überführt, dann definieren wir

$$x_i \alpha = x_{a_i} \quad (i = 1, 2, \ldots, n)$$

und allgemeiner, wenn f eine Funktion der Unbestimmten (7.16) ist, setzen wir

$$f(x_1, x_2, \ldots, x_n)\alpha = f(x_{a_1}, x_{a_2}, \ldots, x_{a_n}) . \tag{7.17}$$

Speziell betrachten wir das *Differenzenprodukt*

$$\Delta = \prod_{i < j} (x_i - x_j) = (x_1 - x_2)(x_1 - x_3)(x_1 - x_4) \ldots (x_1 - x_n)$$
$$\times (x_2 - x_3)(x_2 - x_4) \ldots (x_2 - x_n)$$
$$\times (x_3 - x_4) \ldots (x_3 - x_n)$$
$$\ldots$$
$$\times (x_{n-1} - x_n) . \tag{7.18}$$

Wenn die Unbestimmten einer Permutation α unterworfen werden, bleibt die Funktion Δ klarerweise entweder unverändert oder wird mit -1 multipliziert. Dies lautet in der Schreibweise (7.17):

$$\Delta\alpha = \zeta(\alpha)\Delta , \tag{7.19}$$

mit $\zeta(\alpha) = \pm 1$.

Definition 10: Eine Permutation α heißt *gerade* oder *ungerade*, je nachdem $\zeta(\alpha) = 1$ oder $\zeta(\alpha) = -1$ ist. Die Funktion $\zeta(\alpha)$ nennt man den *alternierenden Charakter* von S_n.

Die bedeutendste Eigenschaft dieser Funktion ist in der folgenden Proposition enthalten.

Proposition 24: Für zwei Permutationen α und β gilt

$$\zeta(\alpha\beta) = \zeta(\alpha)\zeta(\beta) , \tag{7.20}$$

das heißt, das Produkt von zwei geraden oder zwei ungeraden Permutationen ergibt eine gerade Permutation, während das Produkt von einer geraden mit einer ungeraden Permutation eine ungerade Permutation ist.

Beweis: Wir wenden die Permutation β auf beide Seiten von (7.19) an und sehen, daß auf Grund der Definition gilt

$$(\Delta\alpha)\beta = \Delta(\alpha\beta) .$$

Somit ist:

$$\Delta(\alpha\beta) = \zeta(\alpha)\Delta\beta ,$$

wobei die Konstante $\zeta(\alpha)$ durch die Wirkung von β nicht verändert wird. $\alpha\beta$ beziehungsweise β in (7.19) anstelle von α eingesetzt, liefert uns

$$\zeta(\alpha\beta)\Delta = \zeta(\alpha)\zeta(\beta)\Delta ,$$

woraus unsere Behauptung folgt.

Allgemeiner gilt

$$\zeta(\alpha_1 \alpha_2 \ldots \alpha_r) = \zeta(\alpha_1)\,\zeta(\alpha_2) \ldots \zeta(\alpha_r) \ . \tag{7.21}$$

Die Definition von $\zeta(\alpha)$ kann auch so formuliert werden, daß die Funktion Δ nicht mehr explizit aufscheint. Jeder Faktor $(x_i - x_j)$ von Δ entspricht einem Paar (i, j) von ganzen Zahlen mit $1 \leqslant i < j \leqslant n$. Nach der Anwendung von α, das i in α_i und j in α_j überführt, wird dieser Faktor zu $(x_{\alpha_i} - x_{\alpha_j})$. Wenn $\alpha_i < \alpha_j$ ist, ist dies ein Faktor von Δ, während für $\alpha_i > \alpha_j$, Δ den Faktor $-(x_{\alpha_i} - x_{\alpha_j})$ enthält. Wir sagen, daß das Paar (i, j) eine *Inversion* verursacht, wenn $i - j$ und $\alpha_i - \alpha_j$ entgegengesetztes Vorzeichen haben. Wenn t die gesamte Anzahl der von allen Paaren (i, j) verursachten Inversionen ist, dann gilt

$$\zeta(\alpha) = (-1)^t \ .$$

Die Zahl t kann einfach auf folgende Weise ermittelt werden: man schreibt die Permutation α in Standardform an, zum Beispiel:

$$\alpha = \begin{pmatrix} 1 & 2 & 3 & 4 & 5 & 6 \\ 3 & 4 & 6 & 2 & 5 & 1 \end{pmatrix}$$
$$\| \quad \| \quad \|| \quad | \quad | \qquad\qquad (t = 9)\ .$$

Es sei k eine beliebige Zahl der zweiten Zeile. Wenn nach k genau s Zahlen ($s \geqslant 0$) kleiner als k folgen, dann zählen wir diese mit s Strichen. Die Striche für jedes k werden zusammengezählt und man erhält damit die Gesamtanzahl t. Zum Beispiel hat 3 zwei Striche, weil es von 2 und 1 gefolgt wird, 6 bekommt drei Striche weil hier, 2, 5 und 1 nachfolgen. In diesem Beispiel ist $t = 9$ und somit $\zeta(\alpha) = -1$.

Natürlich läßt die identische Permutation Δ unverändert, also ist

$$\zeta(\iota) = 1 \ . \tag{7.22}$$

Weiters gilt für jede Permutation

$$\zeta(\alpha)\,\zeta(\alpha^{-1}) = \zeta(\iota) = 1 \ ,$$

also

$$\zeta(\alpha) = \zeta(\alpha^{-1}) \ , \tag{7.23}$$

das heißt, inverse Permutationen haben denselben Charakter.

Für beliebige Permutationen α und β gilt:

$$\zeta(\beta^{-1}\alpha\beta) = \zeta(\beta^{-1})\,\zeta(\alpha)\,\zeta(\beta) = \zeta(\alpha) \ .$$

Somit haben auch konjugierte Elemente denselben Charakter, das heißt, daß ζ auf jeder Konjugiertenklasse von S_n eine konstante Funktion ist.

Es sei τ wie in (7.15) eine Transposition. Dann ist τ nach Proposition 21 zur speziellen Transposition $\sigma = (1 \ 2)$ konjugiert. Die Wirkung von σ verändert das Vorzeichen von $(x_1 - x_2)$ und vertauscht die übrigen Faktoren der ersten Zeile von (7.18) mit denen der zweiten Zeile, ohne daß dabei noch weitere Vorzeichenwechsel auftreten. Daher ist $\zeta(\sigma) = -1$ und somit auch $\zeta(\tau) = -1$. Es sind also alle Transpositionen ungerade Permutationen.

Um nun den Charakter eines Zyklus vom Grad m zu bestimmen, verwenden wir die Formel

$$(a_1 a_2 \ldots a_m) = (a_1 a_2)(a_1 a_3) \ldots (a_1 a_m) , \qquad (7.24)$$

die man leicht verifiziert, indem man das Produkt auf der rechten Seite ausrechnet:

$$a_1 \to a_2, \quad a_2 \to a_1 \to a_3, \quad a_3 \to a_1 \to a_4$$

und so weiter. Weil hier $m - 1$ Transpositionen auftreten, erhalten wir

$$\zeta(a_1 a_2 \ldots a_m) = (-1)^{m-1} . \qquad (7.25)$$

Das folgende Theorem ist eine Folge von (7.24).

Theorem 21: Jede Permutation kann (auf verschiedene Weise) als Produkt von Transpositionen ausgedrückt werden. Die Anzahl der Transpositionsfaktoren in jedem solchen Produkt ist jedoch immer entweder gerade oder ungerade, je nachdem die Permutation gerade oder ungerade ist.

Beweis: Es sei α die gegebene Permutation. Wir wissen bereits (Seite 22), daß α als ein Produkt von Zyklen dargestellt werden kann. Nach (7.24) ist jeder Zyklus ein Produkt von Transpositionen. Somit erhalten wir tatsächlich

$$\alpha = \tau_1 \tau_2 \ldots \tau_s , \qquad (7.26)$$

wobei jedes τ eine Transposition ist. So ein Produkt ist nicht eindeutig bestimmt; wir können zum Beispiel Paare von Faktoren

$$(ab)(ab) ,$$

die ja die identische Permutation ergeben, in das Produkt an beliebiger Stelle einfügen. Weniger trivial ist folgendes: für $a \neq 1$ und $b \neq 1$ gilt die Beziehung

$$(ab) = (1a)(1b)(1a) \qquad (7.27)$$

und es gelten analoge Beziehungen, wenn 1 durch ein beliebiges von a und b verschiedenes Element ersetzt wird. Jedoch folgt aus (7.26) $\zeta(\alpha) = (-1)^s$; und da $\zeta(\alpha)$ durch α alleine bestimmt ist, kann s daher nur entweder gerade oder ungerade sein, in Übereinstimmung mit dem Charakter.

Wenn wir die in Abschnitt 12 (Seite 33) eingeführten Bezeichnungen verwenden, erhalten wir:

Korollar: Die Gruppe S_n wird durch die Menge der Transpositionen erzeugt.

Mit Hilfe von (7.27) kann dieses Ergebnis genauer formuliert werden.

Proposition 25: Die Gruppe S_n wird durch die $n - 1$ Transpositionen

$$(1 \ 2), (1 \ 3), \ldots, (1 \ n)$$

erzeugt.

41. Die alternierende Gruppe

Wir kehren wieder zu der in Definition 10 eingeführten Unterscheidung zwischen geraden und ungeraden Permutationen zurück und beginnen mit einem einfachen Ergebnis über beliebige Permutationsgruppen, wie wir jede Untergruppe von S_n nennen wollen.

Proposition 26: In jeder Permutationsgruppe G bilden die geraden Permutationen einen Normalteiler, der entweder gleich G ist oder in G den Index 2 besitzt.

Beweis: Es sei H die Menge der geraden Permutationen von G. Nach (7.20), (7.22) und (7.23) ist H eine Untergruppe von G. Falls $H = G$ ist, haben wir nichts mehr zu beweisen. Im Fall $H \neq G$ besitzt G mindestens eine ungerade Permutation σ und die Nebenklasse $H\sigma$ ist von H verschieden. Es sei δ eine beliebige ungerade Permutation von G. Dann ist $\sigma\delta^{-1}$ gerade, das heißt $\sigma\delta^{-1} \in H$ und daher $H\sigma = H\delta$ (Proposition 5, Seite 28). Also ist $[G:H] = 2$ wie behauptet. Wegen der Bemerkung (iv), Seite 54 ist damit auch H ein Normalteiler von G.

Von speziellem Interesse ist der Fall $G = S_n$.

Definition 11: Die Menge der geraden Permutationen von S_n $(n \geqslant 2)$ bilden eine Gruppe A_n der Ordnung $\frac{1}{2}n!$, welche man die *alternierende Gruppe vom Grad n* nennt.

Zum Beispiel ist die Gruppe A_4 von der Ordnung $\frac{1}{2}(4!) = 12$ und besteht aus den folgenden Permutationen:

$$A_4 = C_0 \cup C_1 \cup C_2 ,$$

wobei C_0, C_1 und C_2 die Konjugiertenklassen von S_4 sind:

$$C_0 = \iota$$
$$C_1 = (12)(34) \cup (13)(24) \cup (14)(23) \tag{7.28}$$
$$C_2 = (123) \cup (124) \cup (132) \cup (134) \cup (142) \cup (143) \cup (234) \cup (243) .$$

Man kann nun fragen, ob die S_n außer der A_n noch weitere echte Normalteiler besitzt. Die trivialen Fälle $n = 1$ und $n = 2$ können wir beiseite lassen. Für $n = 3$ und $n = 4$ können wir die Frage relativ leicht beantworten, indem wir die Bemerkung (iii), Seite 54 anwenden, nach der ein Normalteiler die Vereinigung von vollständigen Konjugiertenklassen, die Konjugiertenklasse des Einselements mit eingeschlossen, sein muß.

Die Klassen von S_3 sind

$$\iota, \quad (12) \cup (13) \cup (23) \quad \text{und} \quad (123) \cup (132),$$

die 1, 3 beziehungsweise 2 Elemente enthalten. Nur wenn wir das Einselement mit der letzten Klasse vereinigen, erhalten wir eine Menge, deren Elementezahl die Ordnung $S_3 = 6$ teilt, wie dies für Untergruppen ja notwendig ist. Tatsächlich ist

$$A_3 = \iota \cup (123) \cup (132)$$

und dies ist daher der einzige echte Normalteiler von S_3.

Die Gruppe S_4 hat fünf Konjugiertenklassen (siehe Tabelle xiii, Seite 112). Drei dieser Klassen, die aus geraden Permutationen bestehen, sind in (7.28) angeführt, die restlichen zwei Klassen sind

$$C_3 = (12) \cup (13) \cup (14) \cup (23) \cup (24) \cup (34) \quad \text{und}$$
$$C_4 = (1234) \cup (1243) \cup (1324) \cup (1342) \cup (1423) \cup (1432).$$

Wegen:

$$|C_0| = 1, \quad |C_1| = 3, \quad |C_2| = 8, \quad |C_3| = |C_4| = 6,$$

haben nur

$$V = C_0 \cup C_1 \quad \text{und} \quad A_4 = C_0 \cup C_1 \cup C_2$$

eine $|S_4| = 24$ teilende Elementezahl, wie dies bei Untergruppen erforderlich ist. Wir wissen bereits, daß $A_4 \lhd S_4$ gilt und es ist auch Tatsache, daß

$$V = \iota \cup (12)(34) \cup (13)(24) \cup (14)(23)$$

für sich eine Gruppe bildet. Denn wenn wir $\alpha = (12)(34)$ und $\beta = (13)(24)$ setzen, dann ist $\alpha\beta = \beta\alpha = (14)(23)$ und $\alpha^2 = \beta^2 = \iota$. Also ist $V \lhd S_4$ und V besitzt die Struktur der Vierergruppe (Seite 40). Damit haben wir bewiesen, daß A_4 und V die einzigen echten Normalteiler von S_4 sind. Gleichzeitig gilt, da V nur aus geraden Permutationen besteht $V \lhd A_4$.

In den Kompositionsreihen (Abschnitt 35)

$$S_3 \rhd A_3 \rhd \{\iota\}$$
$$S_4 \rhd A_4 \rhd V \rhd \{\iota\}$$

sind alle Kompositionsfaktoren von Primzahlordnung. Dies zeigt, daß S_3 und S_4 auflösbare Gruppen (Abschnitt 36) sind. Wir werden später sehen, daß sich die S_n für $n > 4$ in dieser Beziehung anders verhalten.

Oft ist es nützlich, eine leicht zugängliche Menge von Erzeugenden der Gruppe A_n zur Verfügung zu haben.

Proposition 27: Für $n \geqslant 3$ kann die Gruppe A_n durch die $n - 2$ Dreierzyklen

$$(123), \ (124), \dots, (12n) \tag{7.29}$$

erzeugt werden.

Beweis: Nach Proposition 25 kann jede Permutation als Produkt von Transpositionen vom Typ $(1i)$ ausgedrückt werden. Für eine gerade Permutation muß die Anzahl der Transpositionsfaktoren gerade sein. Daher wird A_n durch Paare $(1i)(1j)$ von Transpositionen erzeugt. Wegen $(1i)^2 = \iota$, können wir voraussetzen, daß in jedem Paar $i \neq j$ gilt. Nun gilt:

$$(1i)(1j) = (1ij). \tag{7.30}$$

Für $i = 2$ ist das Paar (7.30) gleich einem der in (7.29) angeführten Dreierzyklen. Für $j = 2$ erhalten wir

$$(1i)(12) = (1i2) = (12i)^2.$$

Schließlich können wir für $i > 2$ und $j > 2$ die Relation

$$(1ij) = (12j)(12i)(12j)^{-1}$$

anwenden. Damit können wir immer die rechte Seite von (7.30) durch die Erzeugenden (7.29) ausdrücken.

Wir erinnern an den Begriff der einfachen Gruppe (Seite 53) und werden nun ein berühmtes Ergebnis über alternierende Gruppen beweisen, das schon auf E. Galois zurückgeht.

Theorem 22: Für $n \neq 4$ ist die Gruppe A_n einfach.

Beweis: Wir sahen bereits auf Seite 118, daß V ein echter Normalteiler von A_4 ist. Also ist A_4 nicht einfach. Von nun an wollen wir voraussetzen, daß $n > 4$ ist. Das Theorem ist zur folgenden Behauptung gleichwertig: falls $N \lhd A_n$ und $|N| > 1$ ist, dann gilt $N = A_n$. Die entscheidende Voraussetzung ist, daß N ein Normalteiler von A_n ist. Wenn also $\alpha \in N$ und δ eine beliebige gerade Permutation ist, dann muß $\delta^{-1} \alpha \delta \in N$ und somit auch $\delta^{-1} \alpha \delta \alpha^{-1} \in N$ gelten. Der Beweis wird in mehrere Schritte aufgeteilt.

(i) Vorausgesetzt, daß N einen Dreierzyklus, etwa

$$\alpha = (abc)$$

enthält. Wir werden dann zeigen, daß N dann alle Dreierzyklen

$$\xi = (xyz)$$

enthält, wobei x, y, z beliebige verschiedene Objekte sind, die vorher festgelegt werden können. Wegen Proposition 27 folgt daraus $N = A_n$.

Die Permutation

$$\phi = \begin{pmatrix} abc \\ xyz \end{pmatrix}$$

ist ein Element von S_n, mit der Übereinkunft, daß jedes nicht in ϕ angeführte Objekt fest bleibt. Nach (7.7) gilt dann

$$\phi^{-1} \alpha \phi = \xi .$$

Da $n \geqslant 5$ ist, gibt es mindestens zwei von a, b, c verschiedene Objekte e und f. Die Transposition $\tau = (ef)$ kommutiert mit α und es folgt daher

$$(\tau\phi)^{-1} \alpha (\tau\phi) = \xi .$$

Offensichtlich gehört entweder ϕ oder $\tau\phi$ zu A_n. Also ist α in A_n zu ξ konjugiert und wir schließen $\xi \in A_n$.

(ii) Als nächstes wollen wir annehmen, daß N die Permutation

$$\omega = \gamma \delta \epsilon \ldots \tag{7.31}$$

enthält, wobei $\gamma, \delta, \epsilon, \ldots$ disjunkte Zyklen sind und der Grad von γ größer ist als drei, etwa

$$\gamma = (a_1 a_2 a_3 a_4 \ldots a_m), \quad m > 3 .$$

Nun ist $\sigma = (a_1 a_2 a_3)$ eine gerade Permutation, die mit allen Zyklen von (7.31), ausgenommen dem ersten, kommutiert. Also ist

$$\omega_1 = \sigma^{-1}\omega\sigma = (\sigma^{-1}\gamma\sigma)\delta\,\epsilon\,\ldots$$

ein Element von N und ebenso $\omega_1\omega^{-1}$. Da $\delta, \epsilon, \ldots$ sowohl mit γ als auch mit $\sigma^{-1}\gamma\sigma$ kommutiert, erhalten wir

$$\begin{aligned}
\omega_1\omega^{-1} &= \sigma^{-1}\gamma\sigma\gamma^{-1} \\
&= (a_2 a_3 a_1 a_4 \ldots a_m)(a_m a_{m-1} \ldots a_4 a_3 a_2 a_1) \\
&= (a_1 a_3 a_m).
\end{aligned}$$

Also enthält N einen Dreierzyklus und wir folgern aus (i): $N = A_n$. Deshalb wollen wir nun voraussetzen, daß alle Permutationen von N Produkte von disjunkten Zyklen vom Grad 1, 2 oder 3 sind.

(iii) Angenommen, N enthält eine Permutation ω die mindestens zwei Dreierzyklen $\alpha = (a_1 a_2 a_3)$ und $\beta = (b_1 b_2 b_3)$ enthält, also

$$\omega = \alpha\beta\lambda,$$

wobei λ kein Objekt a_i oder b_i mit $i = 1, 2, 3$ beinhaltet. Setzen wir

$$\sigma = (a_2 a_3 b_1)$$

dann sehen wir, daß σ mit λ kommutiert. Also enthält N das Element

$$\begin{aligned}
\sigma^{-1}\omega\sigma\omega^{-1} &= (\sigma^{-1}\alpha\sigma)(\sigma^{-1}\beta\sigma)\alpha^{-1}\beta^{-1} \\
&= (a_1 a_3 b_1)(a_2 b_2 b_3)(a_3 a_2 a_1)(b_3 b_2 b_1) \\
&= (a_1 a_2 b_1 a_3 b_3),
\end{aligned}$$

im Widerspruch zur Annahme, daß in N kein Zyklus vom Grad größer als 3 auftritt.

(iv) Falls nur mehr ein Dreierzyklus unter den Faktoren auftreten kann, hat jedes Element die Gestalt

$$\omega = (a_1 a_2 a_3)\lambda,$$

wobei λ ein Produkt von disjunkten Transpositionen ist. Also ist $\lambda^2 = \iota$ und N enthält das Element

$$\omega^2 = (a_1 a_3 a_2),$$

was uns wieder auf (i) zurückführt.

(v) Schließlich müssen wir noch den Fall diskutieren, in dem alle von ι verschiedenen Elemente Produkte von disjunkten Transpositionen sind. Bei $n = 4$ tritt diese Situation wirklich auf und führt zu der auf Seite 118 erwähnten Gruppe V. Nachdem wir aber $n > 4$ vorausgesetzt haben, können wir folgendermaßen argumentieren: da die Anzahl der Transpositionsfaktoren gerade sein muß, hat jedes Element von N die Form

$$\omega = (a_1 a_2)(b_1 b_2)\lambda,$$

wobei λ die Objekte a_1, a_2, b_1, b_2 nicht enthält. Wenn wir ein fünftes von den eben angeführten verschiedenes Objekt c wählen, können wir nacheinander die Transformationselemente $\sigma = (a_2 b_1 b_2)$ und $\delta = (a_1 b_2 c)$ verwenden, um aus ω wie folgt weitere Elemente von N zu konstruieren:

$$\begin{aligned}
\omega_1 = \sigma^{-1}\omega\sigma &= (a_1 b_1)(b_2 a_2)\lambda\,, \\
\omega_2 = \omega_1 \omega^{-1} &= (a_1 b_1)(b_2 a_2)(a_1 a_2)(b_1 b_2) \\
&= (a_1 b_2)(a_2 b_1)\,, \\
\omega_3 = \delta^{-1}\omega_2\delta &= (b_2 c)(a_2 b_1)\,, \\
\omega_3 \omega_2^{-1} &= (b_2 c)(a_2 b_1)(a_1 b_2)(a_2 b_1) = (a_1 b_2 c)\,.
\end{aligned}$$

Also würde N im Widerspruch zu unserer Annahme wiederum einen Dreierzyklus enthalten. Damit ist der Beweis des Theorems abgeschlossen.

Wir können nun zur Frage der Existenz von Normalteilern der S_n für $n > 4$ zurückkehren.

Proposition 28: Für $n > 4$ ist A_n der einzige echte Normalteiler von S_n.

Beweis: Angenommen, $H \triangleleft S_n$ und $|H| > 1$. Zuerst wollen wir zeigen, daß H nicht von der Ordnung 2 sein kann. Denn für

$$H = \{\iota, \xi \mid \xi^2 = \iota\}$$

muß ξ entweder eine Transposition oder ein Produkt von disjunkten Transpositionen sein. Im ersteren Fall sei $\xi = (ab)$. Dann gibt es ein von a und b verschiedenes Objekt c. Da H Normalteiler ist, müßte das Element $(ac)^{-1}(ab)(ac) = (bc)$ zu H gehören und H würde mehr als zwei Elemente enthalten.

Als nächstes nehmen wir $\xi = (a_1 a_2)(b_1 b_2)\lambda$ an, wobei λ unabhängig von a_1, a_2, b_1, b_2 ist. Für $\sigma = (a_2 b_1 b_2)$ ist dann $\sigma^{-1}\xi\sigma \in H$, aber $\sigma^{-1}\xi\sigma \neq \xi$ im Widerspruch zur Annahme $|H| = 2$. Also ist $|H| > 2$. Wegen Proposition 26 sind mindestens die Hälfte der Elemente von H gerade; also gilt, wenn $D = H \cap A_n$ bezeichnet, $|D| > 1$. Offensichtlich ist $D \triangleleft A_n$. Weil aber A_n einfach ist, folgt $D = A_n$, das heißt

$$A_n \leqslant H\,. \tag{7.32}$$

Da H eine echte Untergruppe von S_n ist, wissen wir $|H| \leqslant \frac{1}{2} n!$. Also ist $|A_n| = |H|$ und wir schließen aus (7.32), daß $A_n = H$ ist.

42. Darstellung durch Permutationen

Es ist so, daß die abstrakte Gruppentheorie selbst bis zum Beginn des zwanzigsten Jahrhunderts von den Mathematikern nie völlig anerkannt wurde. Die frühere Literatur auf diesem Gebiet, eingeschlossen die klassischen Werke von Cauchy, Galois und C. Jordan, behandelte fast ausschließlich Permutationsgruppen, also Untergruppen der symmetrischen Gruppe S_n. Trotzdem hatten viele dieser Ergebnisse auch für beliebige endliche Gruppen Gültigkeit, denn sie waren unabhängig von der Annahme, daß die Gruppenelemente Permutationen sind. Selbst im Zusammenhang mit der modernen Gruppentheorie ist das Studium der Permutationsgruppen ein Thema von größtem Interesse. Nicht nur, daß diese Gruppen reichlich als Beispiel für leicht zugängliche endliche Gruppen herangezogen werden können, es ist auch, wie A. Cayley 1854 bemerkte, jede endliche Gruppe isomorph zu einer Permutationsgruppe.

Es sei

$$G: a_1, a_2, \ldots, a_g \tag{7.33}$$

eine endliche Gruppe von der Ordnung g. Wenn x dann eines dieser Elemente ist, dann sind die Produkte

$$a_1 x, a_2 x, \ldots, a_g x \tag{7.34}$$

g verschiedene Elemente von G und liefern damit wieder die gesamte Gruppe. Also ist (7.34) eine Umordnung von (7.33), das heißt wir können x die Permutation

$$x\rho = \begin{pmatrix} a_1 & a_2 & \ldots & a_g \\ a_1 x & a_2 x & \ldots & a_g x \end{pmatrix}$$

vom Grad g zuordnen. Die Objekte, auf denen diese Permutation operiert, sind die Gruppenelemente selbst. Es ist hierbei praktisch, die abkürzende Schreibweise

$$x\rho = \begin{pmatrix} a_i \\ a_i x \end{pmatrix} \qquad (i = 1, 2, \ldots, g) \tag{7.35}$$

zu verwenden.

Die Wirkung von $x\rho$ auf G kann man kurz so beschreiben, daß man sagt, daß jedes Element von G von rechts mit x multipliziert wird. Die Anordnung, unter der die Elemente angeschrieben werden, ist nicht bedeutend. Wenn insbesondere u ein festes Element aus G ist, liefern die Produkte $a_i u$ (i = 1, 2, ..., g) alle Elemente von G, wie wir in (7.34) gesehen haben. Daher können wir schreiben:

$$x\rho = \begin{pmatrix} a_i u \\ a_i ux \end{pmatrix} . \tag{7.36}$$

Nun sei y ein anderes Element von G und

$$y\rho = \begin{pmatrix} a_i \\ a_i y \end{pmatrix} \tag{7.37}$$

die zu y gehörige Permutation. Das Produkt der Permutationen (7.37) und (7.35) berechnet sich mit Hilfe von (7.36) als:

$$(x\rho)(y\rho) = \begin{pmatrix} a_i \\ a_i x \end{pmatrix} \begin{pmatrix} a_i \\ a_i y \end{pmatrix} = \begin{pmatrix} a_i \\ a_i x \end{pmatrix} \begin{pmatrix} a_i x \\ a_i xy \end{pmatrix} = \begin{pmatrix} a_i \\ a_i xy \end{pmatrix} .$$

Also gilt

$$(x\rho)(y\rho) = (xy)\rho \tag{7.38}$$

und dies zeigt, daß die Abbildung

$$\rho: G \to S_g$$

ein Homomorphismus von G in S_g ist. Zusätzlich ist ρ sogar injektiv, das heißt der Kern besteht nur aus dem Einselement 1 von G alleine (Proposition 9, Seite 59). Denn angenommen, es sei

$$x\rho = \iota,$$

das Einselement von S_g. Dies bedeutet

$$a_i x = a_i \quad (i = 1, 2, \ldots, g),$$

was offensichtlich $x = 1$ zur Folge hat. Tatsächlich verändert x für $x \neq 1$ jedes Element von G. Da ρ injektiv ist, ist G isomorph zum Bild von G unter ρ, also ist G zu einer Untergruppe von S_g isomorph.

Als nächstes werden wir $x\rho$ in disjunkte Zyklen auflösen. Es sei x von der Ordnung r, also

$$x^r = 1 . \tag{7.39}$$

Wenn wir mit einem Element a aus G beginnen, wissen wir, daß die Operation von $x\rho$ a in ax überführt und dieses in ax^2 übergeführt wird; das Bild von ax^2 ist ax^3 und so weiter bis wir zu ax^{r-1} kommen, dessen Bild wegen (7.39) gleich a ist. Also enthält $x\rho$ den Zyklus

$$(a, ax, ax^2, \ldots, ax^{r-1}) , \tag{7.40}$$

wobei dies r verschiedene Elemente von G sind. Falls $r < g$ ist, wählen wir ein nicht in (7.40) enthaltenes Element b und konstruieren einen weiteren Zyklus

$$(b, bx, bx^2, \ldots, bx^{r-1}) . \tag{7.41}$$

Klarerweise haben (7.40) und (7.41) keine Elemente gemeinsam; denn sonst hätten wir $b = ax^t$ $(0 \leqslant t \leqslant r - 1)$, im Widerspruch zur getroffenen Wahl von b. Auf diese Weise fortfahrend, konstruieren wir uns Zyklen, die jeweils r Elemente enthalten, bis wir alle Elemente von G erfaßt haben:

$$x\rho = (a, ax, \ldots, ax^{r-1})(b, bx, \ldots, bx^{r-1}) \ldots (f, fx, \ldots, fx^{r-1}) .$$

Eine Permutation, in der alle Zyklen dieselbe Länge haben, heißt eine *reguläre Permutation*. Gleichzeitig bestätigt die letzte Formel, daß r ein Faktor von g ist.

Wir fassen zusammen:

Theorem 23 (Cayley): Es sei $G: a_1, a_2, \ldots, a_g$ eine abstrakte Gruppe der Ordnung g. Jedem Element x aus G ordnen wir die reguläre Permutation

$$x\rho = \begin{pmatrix} a_1 & a_2 & \ldots & a_g \\ a_1 x & a_2 x & \ldots & a_g x \end{pmatrix}$$

zu. Die so definierte Abbildung $\rho: G \to S_g$ ist ein injektiver Homomorphismus, so daß G isomorph zu einer Untergruppe von S_g ist. Wenn x von der Ordnung r ist, dann besteht $x\rho$ aus dem Produkt von g/r Zyklen vom Grad r.

Wenn eine abstrakte Gruppe G isomorph zu einer Gruppe G' ist, deren Elemente konkrete mathematische Objekte wie etwa Permutationen oder Matrizen sind, dann sprechen wir von einer *treuen Darstellung* von G durch Permutationen beziehungsweise Matrizen. Alle Eigenschaften von G sind auch in G' enthalten. Umgekehrt gilt jede Information über G', die nicht von der speziellen Natur seiner Elemente abhängt, auch für G. Da es oft praktischer ist, Berechnungen mit konkreten Elementen durchzuführen, kann die Existenz einer Darstellung den Einblick in die Struktur einer abstrakten Gruppe erleichtern. Hier besteht eine gewisse Analogie zur Geometrie, wo man Koordinaten einführt, um geometrische Probleme zu diskutieren. Die eben in Cayleys Theorem eingeführte spezielle Darstellung ist als die *rechtsreguläre Darstellung* von G bekannt. Wenn G durch seine Multiplikationstabelle (Abschnitt 4, Seite 10) gegeben ist, kann man die rechtsreguläre Darstellung unmittelbar davon ablesen: in dem zweizeiligen Symbol für x ist die erste Zeile diejenige Spalte, die von 1 angeführt wird und die zweite Zeile besteht aus der von x angeführten Spalte; tatsächlich ist die Kenntnis der rechtsregulären Darstellung gleichwertig mit der der Multiplikationstabelle.

Beispiel: Im Fall der in Tabelle (v), Seite 11 gegebenen nichtabelschen Gruppe der Ordnung 6, lauten die Elemente der rechtsregulären Darstellung, aufgelöst in Zyklen, folgendermaßen:

$$1\rho = \begin{pmatrix} 1 & a & b & c & d & e \\ 1 & a & b & c & d & e \end{pmatrix} = (1)\,(a)\,(b)\,(c)\,(d)\,(e)$$

$$a\rho = \begin{pmatrix} 1 & a & b & c & d & e \\ a & b & 1 & d & e & c \end{pmatrix} = (1\ a\ b)\,(c\ d\ e)$$

$$b\rho = \begin{pmatrix} 1 & a & b & c & d & e \\ b & 1 & a & e & c & d \end{pmatrix} = (1\ b\ a)\,(c\ e\ d)$$

$$c\rho = \begin{pmatrix} 1 & a & b & c & d & e \\ c & e & d & 1 & b & a \end{pmatrix} = (1\ c)\,(a\ e)\,(b\ d)$$

$$d\rho = \begin{pmatrix} 1 & a & b & c & d & e \\ d & c & e & a & 1 & b \end{pmatrix} = (1\ d)\,(a\ c)\,(b\ e)$$

$$e\rho = \begin{pmatrix} 1 & a & b & c & d & e \\ e & d & c & b & a & 1 \end{pmatrix} = (1\ e)\,(a\ d)\,(b\ c)\,.$$

Es ist manchmal praktischer, ρ_x anstelle von $x\rho$ zu schreiben. Damit kann ρ_x kurz durch die Formel

$$a\rho_x = ax \quad (a \in G) \tag{7.42}$$

beschrieben werden. Allgemeiner können wir — nicht notwendigerweise injektive (treue) — Homomorphismen

$$\theta : G \to S_n$$

betrachten, wobei n eine passende ganze Zahl ist. Wenn so ein Homomorphismus besteht, sprechen wir von einer *Permutationsdarstellung* von G vom Grad n. Eine ziemlich allgemeine Methode, um solche Darstellungen zu konstruieren, ist die folgende: Es sei H eine Untergruppe von G und

$$G = Ht_1 \cup Ht_2 \cup \ldots \cup Ht_n \tag{7.43}$$

die Zerlegung von G in Rechtsnebenklassen modulo H, mit $n = [G:H]$ (siehe Seite 28). Wenn x ein festes Element von G ist, dann sind die rechten Nebenklassen $Ht_i x$ $(i = 1, 2, \ldots, n)$ voneinander verschieden und müssen daher gleich den in (7.43) angeschriebenen sein. Also ist

$$x\theta = \begin{pmatrix} Ht_1 & Ht_2 & \ldots & Ht_n \\ Ht_1 x & Ht_2 x & \ldots & Ht_n x \end{pmatrix}$$

eine Permutation vom Grad n, wobei die Objekte die rechten Nebenklassen von H in G sind. Auf ähnliche Weise, wie dies auf Seite 122 durchgeführt wurde, kann leicht gezeigt werden, daß die Abbildung θ ein Homomorphismus ist, das heißt:

$$(x\theta)\,(y\theta) = (xy)\theta\,.$$

Wenn k im Kern von θ liegt, muß

$$Ht_i k = Ht_i \quad (i = 1, 2, \ldots, n)$$

gelten. Dies ist zur Bedingung $t_i k \in Ht_i$ oder $k \in t_i^{-1} Ht_i$ $(i = 1, 2, \ldots, n)$ gleichwertig. Nun ist jede zu H konjugierte Untergruppe von der Form $t_i^{-1} Ht_i$, mit passendem i. Denn wenn y ein beliebiges Element von G ist, liegt es in einer der Nebenklassen, etwa $y \in Ht_i$, das bedeutet $y = ut_i$, mit $u \in H$. Also ist $y^{-1} Hy = t_i^{-1} u^{-1} Hut_i = t_i^{-1} Ht_i$. Daher können wir sagen, daß der Kern von θ aus dem Durchschnitt aller zu H konjugierten Untergruppen besteht. Wir fassen diese Ergebnisse in folgendem Theorem zusammen.

Theorem 24: Es sei H eine Untergruppe von G mit endlichem Index n und $t_1, t_2, \ldots, t_n$ ein Vertretersystem (Seite 28) von H in G. Jedem Element x aus G ordnen wir die Permutation

$$x\theta = \begin{pmatrix} Ht_1 & Ht_2 & \ldots & Ht_n \\ Ht_1 x & Ht_2 x & \ldots & Ht_n x \end{pmatrix}$$

zu. Die so definierte Abbildung $\theta : G \to S_n$ ist ein Homomorphismus. Der Kern von θ besteht aus dem Durchschnitt aller zu H konjugierten Gruppen.

Wir beschließen diesen Abschnitt mit einem Beispiel, das illustriert, wie diese Ideen dazu verwendet werden können, um Informationen über die Struktur einer abstrakten Gruppe zu erhalten.

Beispiel: Die Alternierende Gruppe A_5 hat keine Untergruppen der Ordnung 30, 20 oder 15. Wir behaupten also mit anderen Worten, wenn H eine echte Untergruppe von A_5 ist, daß dann $[A_5 : H] \geqslant 5$ gilt. Angenommen, H ist eine echte Untergruppe und $[A_5 : H] = n$. Wegen Theorem 24 existiert ein Homomorphismus $\theta : A_5 \to S_n$. Es sei K der Kern von θ. Wir wissen, daß K ein Normalteiler von A_5 ist (Seite 58). Doch A_5 ist eine einfache Gruppe (Theorem 22).

Daher ist $K = \{1\}$ oder $K = A_5$. Die zweite Alternative kommt nicht in Frage, da wegen Theorem 24 K in H enthalten ist und somit $|K| \leqslant |H| < |A_5|$ ist. Es gilt daher $K = \{1\}$, das heißt θ ist injektiv. Damit besteht das Bild von A_5 unter θ aus mehr als 60 verschiedenen Elementen von S_n und dies ist nur für $n \geqslant 5$ möglich.

43. Transitive Gruppen

In diesem und dem nächsten Abschnitt betrachten wir Permutationen von einem festen Grad, das heißt, wir befassen uns mit Untergruppen G einer speziellen symmetrischen Gruppe S_n. Die Objekte, auf denen G operiert, wollen wir mit $1, 2, \ldots, n$ oder mit Buchstaben $a, b, \ldots$ bezeichnen.

Definition 12: Eine Gruppe von Permutationen heißt *transitiv*, wenn für jedes gegebene Paar von (nicht notwendigerweise verschiedenen) Objekten mindestens eine Permutation existiert, die a in b überführt. Anderenfalls nennt man die Gruppe *intransitiv*.

Man sollte beachten, daß dieser Begriff nur bei Permutationsgruppen verwendet wird.

Eine Permutation, die a in b vertauscht, wird mit θ_{ab} bezeichnet, unabhängig von der Wirkung auf die anderen Symbole. Es kann natürlich mehrere solche Permutationen für ein gegebenes Paar a, b geben. Wir sehen, daß θ_{ab}^{-1} das Objekt b mit a vertauscht.

Offensichtlich ist die symmetrische Gruppe S_n transitiv, da sie alle möglichen Permutationen enthält, eingeschlossen die Transposition (a b), die hier als θ_{ab} dienen kann.

Andererseits ist die Gruppe

$$V_1: \quad (1), (12), (34), (12)(34)$$

von der Ordnung und vom Grad 4 intransitiv, da keine ihrer Permutationen 1 in 3 überführt. Gleichzeitig ist diese Gruppe isomorph zur Gruppe

$$V_2: \quad (1), (12)(34), (13)(24), (14)(23),$$

die im Gegensatz dazu transitiv ist. Beide Gruppen sind zur Vierergruppe (Tabelle (iii), Seite 10) isomorph.

Die Menge der Permutationen, die das Objekt 1 unverändert lassen, bilden eine Untergruppe G_1; denn die identische Permutation gehört sicher zu dieser Menge, ebenso wie das Inverse eines jeden Elements von G_1 und das Produkt von zwei solchen Permutationen. Wir nennen G_1 den *Stabilisator* von 1. Der Stabilisator G_a des Objekts a ist in analoger Weise definiert.

Theorem 25: Eine Permutationsgruppe G vom Grad n ist dann und nur dann transitiv, wenn der Stabilisator G_1 in G den Index n hat.

Beweis: (i) Angenommen, G ist transitiv. Nach Voraussetzung enthält dann G die Permutationen

$$\theta_{11}, \theta_{12}, \ldots, \theta_{1n}, \tag{7.44}$$

die 1 in die Zahlen $1, 2, \ldots, n$ überführen. Die rechten Nebenklassen

$$G_1\theta_{11}, G_1\theta_{12}, \ldots, G_1\theta_{1n} \tag{7.45}$$

sind alle voneinander verschieden, weil alle Elemente von $G_1\theta_{1i}$ die Zahl 1 in i überführen und sich deshalb von den Permutationen aus $G_1\theta_{1j}$ für $i \neq j$ unterscheiden. Es bleibt noch zu zeigen, daß (7.45) eine vollständige Aufstellung aller Nebenklassen ist. Sei ξ ein beliebiges Element aus G das 1 in a transformiert, dann läßt $\xi\theta_{1a}^{-1}$ die Zahl 1 unverändert, das heißt $\xi\theta_{1a}^{-1} \in G_1$. Daher ist $\xi \in G_1\theta_{1a}$, was zeigt, daß die Vereinigung aller Nebenklassen (7.45) die ganze Gruppe G ergibt. Also ist $[G:G_1] = n$.

(ii) Umgekehrt sei $[G:G_1] = n$ und

$$G = G_1\tau_1 \cup G_1\tau_2 \cup \ldots \cup G_1\tau_n$$

eine Zerlegung von G in Restklassen modulo G_1. Zuerst sehen wir, daß keine zwei der Permutationen

$$\tau_1, \tau_2, \ldots, \tau_n \tag{7.46}$$

dieselbe Wirkung auf das Objekt 1 haben. Denn angenommen, τ_i und τ_j führen beide die Zahl 1 in a über, dann läßt $\tau_i\tau_j^{-1}$ die Zahl 1 fest, also ist $\tau_i\tau_j^{-1} \in G_1$ und daher $G_1\tau_i = G_1\tau_j$ (Proosition 5, Seite 28), was nur für $i = j$ möglich ist. Damit können die

Permutationen (7.46) in einer gewissen Anordnung als Permutationen (7.44) genommen werden. Man wird (7.46) so anordnen, daß $\theta_{1i} = \tau_i$ (i = 1, 2, ..., n) gilt. Falls nun a, b ein beliebiges Paar von Objekten ist, führt die Permutation $\tau_a^{-1}\tau_b$ a in b über, was die Transitivität von G beweist.

Weil die Ordnung einer endlichen Gruppe durch den Index jeder ihrer Untergruppen teilbar ist (Theorem 3, Seite 30), folgt das sehr nützliche Resultat:

Proposition 29: Die Ordnung einer transitiven Permutationsgruppe vom Grad n ist durch n teilbar.

Der Begriff der Transitivität kann noch verallgemeinert werden.

Definition 13: Eine Gruppe G von Permutationen heißt *k-fach transitiv,* wenn sie mindestens eine Permutation θ enthält, die jede geordnete Menge von k verschiedenen Objekten $a_1, a_2, ..., a_k$ in jede andere solche Menge $b_1, b_2, ..., b_k$ überführt (die beiden Mengen können auch gemeinsame Elemente haben); das heißt $a_i\theta = b_i$ (i = 1, 2, ..., k).

Wenn G eine k-fach transitive Gruppe vom Grad n ist dann gilt klarerweise $k \leqslant n$ und für $l < k$ ist G auch *l*-fach transitiv.

Die Gruppe S_n ist für jede der Zahlen k = 1, 2, ..., n k-fach transitiv.

Es sei v die Anzahl der geordneten Mengen mit k Elementen, die aus der Gesamtmenge von n Objekten ausgewählt werden können. Dann ist

$$v = n(n - 1) ... (n - k + 1) .$$

Es sei nun G k-fach transitiv und H diejenige Untergruppe von G, die jedes der Objekte

$$1, 2, ..., k$$

unverändert läßt. Man kann mit ähnlichen Argumenten, wie sie im Beweis zu Theorem 25 verwendet wurden, zeigen, daß der Index von H in G gleich v ist und die v Nebenklassen in eineindeutiger Beziehung zu den v Mengen von k Objekten stehen. Daher haben wir auch das Ergebnis:

Theorem 26: Die Ordnung einer k-fach transitiven Gruppe vom Grad n ist durch $n(n - 1) ... (n - k + 1)$ teilbar.

Wir hätten den Begriff der mehrfachen Transitivität auf andere Weise auch durch das folgende Kriterium einführen können:

Proposition 30: Die Gruppe G ist genau dann k-fach transitiv, wenn gilt:
(i) G ist einfach transitiv und
(ii) der Stabilisator G_1 ist (k − 1)-fach transitiv in Bezug auf die Menge der Objekte 2, 3, ..., n.

Zum Beispiel ist im Fall der A_4 (siehe (7.28)) der Stabilisator von 1:

$G_1: \iota, (234), (243) .$

Also ist $[A_4 : G_1] = 12/3 = 4$, was bestätigt, daß A_4 transitiv ist. Nun ist G_1 auf 2, 3, 4 transitiv; dies kann direkt nachgeprüft werden. Andererseits folgt es aber auch aus der Tatsache, daß der Stabilisator von 2 in G_1, genannt G_{12}, nur das Einselement enthält und deshalb den Index 3 in G_1 hat. Weil G_{12} somit nicht transitiv auf den verbleibenden Objekten 3 und 4 ist, schließen wir, daß A_4 genau 2-fach transitiv ist.

44. Einfache Gruppen

Es sei G eine transitive Gruppe und wir wollen annehmen, daß die n Objekte, auf denen G operiert, in einem Feld von r Zeilen und s Spalten mit

$$rs = n \quad (r > 1, \ s > 1)$$

also:

$$\left.\begin{array}{l} a_1, a_2, \ldots, a_s \\ b_1, b_2, \ldots, b_s \\ \cdots \\ k_1, k_2, \ldots, k_s \end{array}\right\} \quad \text{(r Zeilen)} \tag{7.46}$$

derart angeordnet werden können, daß die Permutationen von G entweder die Objekte innerhalb einer Zeile miteinander vertauschen oder daß die Objekte einer Zeile mit den Objekten einer anderen Zeile (in gleicher Anordnung) vertauscht werden. Damit werden zwei Objekte, welche in verschiedenen Zeilen von (7.46) stehen, nie in Objekte aus ein und derselben Zeile übergeführt und umgekehrt, werden zwei Objekte aus derselben Zeile nie durch die Operation von G in verschiedene Zeilen abgebildet. Eine transitive Gruppe mit dieser Eigenschaft heißt *imprimitiv* und das Schema (7.46) heißt *Imprimitivitätssystem*. Eine Gruppe für die kein Imprimitivitätssystem existiert, heißt primitiv. Man sollte beachten, daß dieser Begriff nur für transitive Gruppen definiert wurde.

Beispiel 1: Die zyklische Gruppe $G = \text{gp}\ \{(1234)\}$, die aus den Permutationen

$$\iota, (1234), \ (13)(24), \ (1432)$$

besteht, ist imprimitiv, mit dem Imprimitivitätssystem

$$\left.\begin{array}{cc} 1 & 3 \\ 2 & 4 \end{array}\right|.$$

Tatsächlich führen die vier Permutationen von G dieses Schema in die Systeme

$$\left.\begin{array}{cc} 1 & 3 \\ 2 & 4 \end{array}\right|, \ \left.\begin{array}{cc} 2 & 4 \\ 3 & 1 \end{array}\right|, \ \left.\begin{array}{cc} 3 & 1 \\ 4 & 2 \end{array}\right|, \ \left.\begin{array}{cc} 4 & 2 \\ 1 & 3 \end{array}\right| \quad \text{über.}$$

Beispiel 2: Eine Gruppe kann mehrere Imprimitivitätssystme besitzen. So kann im Fall der Vierergruppe

$$\iota, (12)(34), \ (13)(24), \ (14)(23)$$

jedes der Felder

$$\left.\begin{array}{cc} 1 & 2 \\ 3 & 4 \end{array}\right|, \ \left.\begin{array}{cc} 1 & 3 \\ 2 & 4 \end{array}\right|, \ \left.\begin{array}{cc} 1 & 4 \\ 2 & 3 \end{array}\right|$$

als Imprimitivitätssystem dienen.

Eine doppelt-transitive Gruppe ist immer primitiv. Denn eine doppelt-transitive Gruppe müßte eine Permutation enthalten, die das Paar a_1, a_2 in das Paar a_1, b_2 überführen würde. Dies wäre aber auf alle Fälle unverträglich mit der Existenz eines Imprimitivitätssystems der Form (7.46).

Insbesondere sind alle symmetrischen Gruppen S_n primitiv.

45. Symmetriegruppen

Es sei Σ eine endliche oder unendliche Menge von Punkten eines drei-dimensionalen Euklidischen Raumes mit dem Ursprung 0. Jede Drehung um eine Achse durch 0, die Σ in sich selbst überführt, heißt eine Symmetrieoperation von Σ in Bezug auf 0. Es folgt aus Abschnitt 6, Seite 15, daß die Symmetrieoperation von Σ unter der Verknüpfung von Abbildungen eine Gruppe bilden. Wenn es keine nichttrivialen Drehungen gibt, die Σ wieder in Deckungsgleichheit mit sich selbst überführen, reduziert sich die Symmetriegruppe zur Einsgruppe.

In diesem Abschnitt werden wir die Symmetriegruppen für einige geometrische Figuren diskutieren, unter anderem auch für die fünf regulären Körper. Die dabei auftretenden Gruppen sind uns alle schon bekannt.

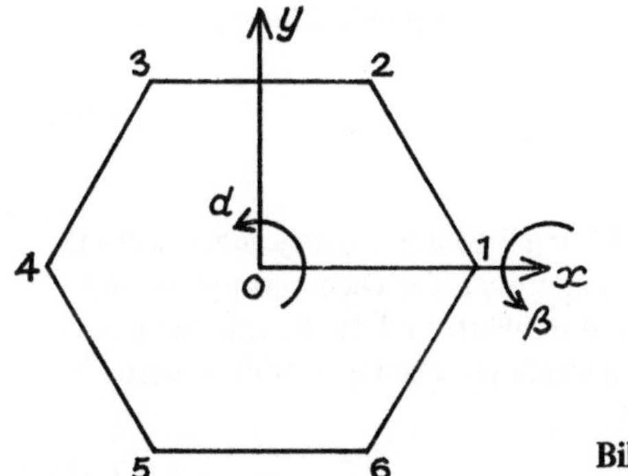

Bild 3

(i) *Diedergruppen.* Betrachte ein flaches Plättchen, das die Form eines regulären Polygons mit n Eckpunkten besitzt, wobei angenommen sei, daß die beiden Seiten des Plättchens völlig gleich sind (Bild 3 veranschaulicht den Fall $n = 6$). Wir wählen die Koordinatenachsen derart, daß das Plättchen in der (x, y)-Ebene und sein Mittelpunkt im Ursprung liegt und daß die x-Achse durch einen Eckpunkt geht, den wir mit 1 bezeichnen. Es gibt $2n$ Drehungen, eingeschlossen der identischen Operation, die das Plättchen wieder in Deckungsgleichheit mit sich selbst überführen. Wenn wir als erstes mit α die Drehung von $2\pi/n$ um die z-Achse bezeichnen, erhalten wir die n Symmetrieoperationen

$$\iota\,(=\alpha^0),\ \alpha,\ \alpha^2,\ \dots,\ \alpha^{n-1}\,,$$

mit

$$\alpha^n = \iota\,. \tag{7.47}$$

Eine weitere Symmetrieoperation β besteht darin, daß man die beiden Seiten des Plättchens umdreht. Dies kann durch eine Drehung von π um die x-Achse durchgeführt werden. (Man nimmt an, daß die Koordinatenachsen im Raum fest bleiben.) Klarerweise gilt

$$\beta^2 = \iota, \tag{7.48}$$

weil β^2 einer Drehung um 2π entspricht, also die identische Operation ergibt. Nun bilden die $2n$ Operationen

$$\alpha^k \beta^l \quad (k = 0, 1, \ldots, n - 1; \quad l = 0, 1)$$

alle Symmetrieoperationen des Plättchens; denn sie ermöglichen es, daß jeder Eckpunkt in jeden beliebigen anderen Eckpunkt übergeführt wird, mit oder ohne Umkehrung der beiden Flächen. Um die Struktur der Symmetriegruppe festzulegen, müssen wir eine Relation zwischen den Operationen α und β finden. Eine einfache geometrische Betrachtung ergibt:

$$\alpha\beta = \beta\alpha^{-1} \,,$$

was wegen (7.48) mit

$$(\alpha\beta)^2 = \iota \tag{7.49}$$

gleichwertig ist. (Es wird dem Leser empfohlen, dies durch Zeichnen von Diagrammen, analog denen von Seite 7, nachzuvollziehen.) Unser Ergebnis kann folgendermaßen zusammengefaßt werden:

Die Symmetriegruppe eines regulären n-eckigen Plättchens ist die Diedergruppe der Ordnung 2n, die durch die definierenden Relationen

$$\alpha^n = \beta^2 = (\alpha\beta)^2 = \iota \tag{7.50}$$

gegeben ist.

Wir erinnern, daß diese Gruppe in Kapitel II, Übung 7 (Seite 48) angegeben wurde. Es ist von Interesse, analytische Ausdrücke für die Operationen der Diedergruppe anzugeben. Sei x eine Variable, die die Zahlen $1, 2, \ldots, n$ durchläuft und die Eckpunkte des Plättchens der Reihe nach gegen den Uhrzeigersinn bezeichnet. Die Operation α wird durch die Kongruenzrelation

$$x\alpha \equiv x + 1 \pmod{n} \tag{7.51}$$

beschrieben.
Wenn wir weiters $x = 1 + z$ schreiben, dann ist das Bild von x unter β gleich $1 - z$. Also gilt

$$x\beta \equiv 2 - x \pmod{n}. \tag{7.52}$$

Alle Relationen zwischen den erzeugenden Elementen α und β können von (7.51) und (7.52) abgeleitet werden; zum Beispiel haben wir

$$x\alpha\beta \equiv (x + 1)\beta \equiv 2 - (x + 1) \equiv 1 - x \,,$$
$$x(\alpha\beta)^2 \equiv (1 - x)\alpha\beta \equiv 1 - (1 - x) \equiv x \,,$$

was $(\alpha\beta)^2 = \iota$ bestätigt.

(ii) *Die Tetraedergruppe.* Dies ist der Name der Symmetriegruppe eines regulären Tetraeders, das um seinen Mittelpunkt 0 frei beweglich ist. Es gibt 12 Drehungen, die das

Tetraeder in Deckungsgleichheit mit sich selbst überführen. Zuerst wählen wir die vier Operationen, die den Eckpunkt 1 an die Stelle von 1, 2, 3 oder 4 überführen. Danach kann der Körper, wenn 1 die Stelle von x einnimmt, um den Winkel 0 oder $2\pi/3$ oder $4\pi/3$ um die Gerade $0x$ gedreht werden, wobei die drei an x angrenzenden Flächen zyklisch vertauscht werden. Damit haben wir insgesamt $4 \cdot 3 = 12$ Operationen.

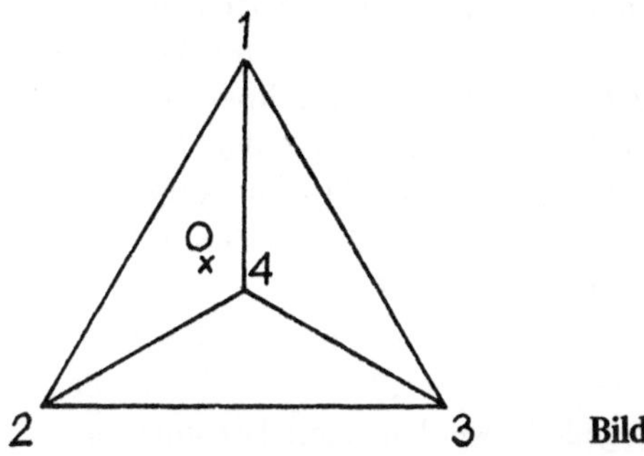

Bild 4

Die Operationen der Tetraedergruppe vertauschen die vier Eckpunkte in einer bestimmten Weise; die Gruppe ist daher zu einer Untergruppe der S_4 isomorph. Wenn ein Eckpunkt festgehalten wird, können die übrigen drei, etwa a, b, c zyklisch permutiert werden. Also enthält die Tetraedergruppe alle Zyklen (a b c). Nach Proposition 27 erzeugen diese Zyklen gerade die alternierende Gruppe A_4. Da beide Gruppen von der Ordnung 12 sind, haben wir bewiesen, daß die Tetraedergruppe isomorph zu A_4 ist.

(iii) *Die Oktaeder-(Hexaeder)-Gruppe.* Die Mittelpunkte der Flächen eines regulären Oktaeders können als Eckpunkte eines Würfels (Hexaeder) betrachtet werden und umgekehrt können wir in jeden Würfel ein Oktaeder einfügen, dessen Eckpunkte in den Mittelpunkten der Flächen des Würfels liegen. Daher haben diese beiden Körper dieselben Symmetrieeigenschaften, das heißt, wenn der eine in sich selbst übergeführt wird, dann auch der andere Körper. Somit ist die Oktaedergruppe mit der Hexaedergruppe identisch, wenngleich üblicherweise immer nur der erste Name verwendet wird. Hier ist es aber praktischer, die Symmetrie des Würfels und nicht die des Oktaeders zu untersuchen.

Wir sehen, daß die Gruppe des Würfels aus 24 Operationen besteht. Denn als erstes kann ein gegebener Eckpunkt in der Lage eines der acht Eckpunkte gebracht werden. Wenn dies ausgeführt wurde, kann der Körper um einen der Winkel 0, $2\pi/3$ oder $4\pi/3$ um die Durchmesserachse durch diesen Eckpunkt gedreht werden, was insgesamt zu $8 \cdot 3 = 24$ Drehungen eingeschlossen der Identität ergibt.

Der Würfel hat vier Durchmesserachsen (Geraden durch 0, die die zwei gegenüberliegende Eckpunkte verbinden). Wenn der Würfel in sich selbst übergeführt wird, werden diese vier Durchmesserachsen in einer bestimmten Weise permutiert. Also wird die Gruppe des Würfels homomorph in eine Untergruppe von S_4 abgebildet. Als nächstes bestimmen wir den Kern dieses Homomorphismus. Wenn ein bestimmter Durchmesser in sich selbst übergeführt wird, dann fällt dieser Durchmesser entweder mit der Drehachse zusammen oder die beiden Endpunkte der Durchmesserachse werden vertauscht; im letzteren Fall ist die Drehachse in einem rechten Winkel zum Durchmesser und der Winkel der Drehung ist gleich π. Eine Drehung die zum Kern gehört, müßte jede der Durchmesserachsen in sich selbst überführen. Die Achse dieser Drehung müßte daher zu mindestens drei der Durchmesser im rechten Winkel sein. Dies ist offensichtlich unmöglich, solange die Operation nicht die Identität ist. Also ist der Kern trivial und die Oktaedergruppe ist zur S_4 isomorph.

(iv) *Die Ikosaeder-(Dodekaeder)-Gruppe.* Kommen wir nun zu den letzten beiden regulären Polyeder, dann sehen wir, daß das Ikosaeder und das Dodekaeder dieselben Symmetrieeigenschaften besitzen. Denn die Mittelpunkte der 20 Flächen eines Ikosaeders können so verbunden werden, daß sie ein Dodekaeder bilden; umgekehrt bilden die Mittelpunkte der 12 Flächen eines Dodekaeder ein Ikosaeder. Also sind die Ikosaedergruppe und die Dodekaedergruppe gleich und jeder Körper kann zur Untersuchung der Struktur dieser Gruppe herangezogen werden. Wir entschließen uns zum Dodekaeder.

Zuerst sehen wir, daß die Dodekaedergruppe aus 60 Operationen besteht. Denn ein bestimmter Eckpunkt kann in jeden der 20 Eckpunkte gebracht werden. Danach kann der Körper um den Durchmesser durch diesen Eckpunkt gedreht werden. Diese Drehung verursacht eine zyklische Vertauschung der an den Eckpunkt angrenzenden Flächen. Die möglichen Winkel dieser Drehungen sind 0, $2\pi/3$ oder $4\pi/3$. Es folgt also, daß es insgesamt $20 \cdot 3 = 60$ Operationen inklusive der identischen gibt, die den Dodekaeder in Deckungsgleichheit mit sich selbst überführen.

Als nächstes suchen wir eine treue Permutationsdarstellung der Dodekaedergruppe. Es wird sich zeigen, daß die Gruppe isomorph zu einer Untergruppe von S_5 ist. Also werden wir die fünf Objekte beschreiben, die permutiert werden, wenn das Dodekaeder in sich selbst transformiert wird. In Übereinstimmung mit der klassischen Konstruktion *) von Euklid,

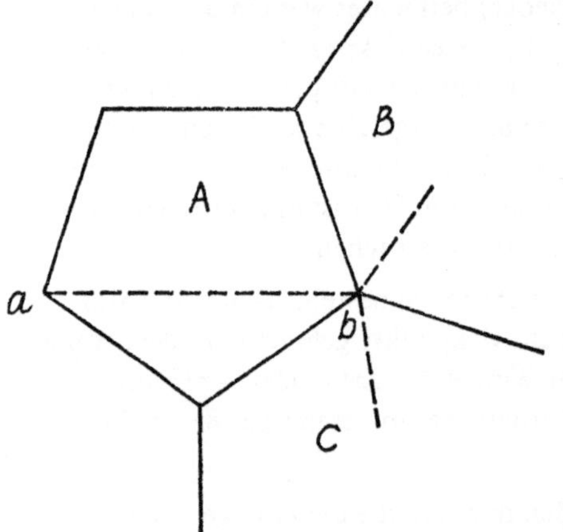

Bild 5

kann ein Würfel wie folgt in das Dodekaeder eingeschrieben werden: Wähle eine Fläche A und zeichne eine Diagonale ab auf ihr (eine Diagonale ist eine Gerade, die zwei nichtbenachbarte Punkte einer Fläche verbindet). Im Punkt b grenzt die Fläche A an zwei

---

*) Euklid: Elemente, Buch XIII, Proposition 17.

weitere Flächen B und C. Es kann gezeigt werden, daß in B und C es jeweils genau eine Diagonale durch b gibt, die zu ab orthogonal ist und diese zwei neuen Diagonalen sind auch zueinander orthogonal. Die Konstruktion wird nun mit den beiden Diagonalen in B und C fortgeführt; am anderen Ende jeder Diagonalen bestimmen wir wieder zwei weitere Diagonalen in den anliegenden Flächen, die ein rechtwinkeliges Dreibein bilden und so weiter. (Die Gültigkeit dieser Behauptungen kann man sich am besten durch die Betrachtung eines Modells veranschaulichen.)

Wenn wir so mit ab beginnen, haben wir in jeder der 12 Flächen eine eindeutig bestimmte Diagonale ausgezeichnet und diese Diagonalen bilden die Kanten eines im Dodekaeder eingeschriebenen Würfels. Nun hat jede Fläche fünf Diagonalen (Bild 6) und wir hätten bei der oben beschriebenen Konstruktion mit jeder dieser Diagonalen beginnen können. Also können fünf Würfel eingeschriebenwerden und diese Würfel werden durch jede Symmetrieoperation des Dedekaeders permutiert. Wir haben daher eine Permutationsdarstellung

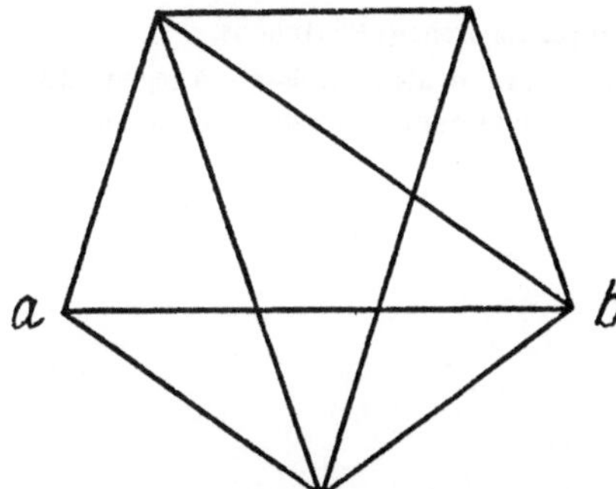

Bild 6

vom Grad 5 gefunden. Diese Darstellung ist sogar treu; das heißt, jede Drehung die alle fünf Würfel in sich selbst überführt, ist notwendigerweise die identische Transformation (wir wollen den Beweis hier auslassen). Es folgt, daß die Dodekaedergruppe zu einer Untergruppe von S_5 isomorph ist. Da sie den Index zwei besitzt, muß sie ein Normalteiler sein (Bemerkung iv, Seite 54), also schließen wir aus Proposition 28: die Dodekaedergruppe (Ikosaedergruppe) ist isomorph zur A_5.

Übungen

1. Zeige: $(ab \ldots lx)(x\alpha\beta \ldots \lambda) = (ab \ldots l\alpha\beta \ldots \lambda x)$, wobei $a, b, \ldots, l, x, \alpha, \beta, \ldots, \lambda$ verschiedene Symbole bedeuten.

2. Beweise, daß eine Permutation vom Grad n, die das Produkt von r disjunkten Zyklen (Zyklen der Ordnung 1 eingeschlossen) gerade oder ungerade ist, je nachdem ob $n - r$ gerade oder ungerade ist.

3. Zeige, daß S_n durch folgende Transpositionen erzeugt werden kann:

$\quad (12), (23), \ldots, (n - 1, n)$.

4. Zeige, daß S_n durch die Permutationen

$\quad \gamma = (12 \ldots n)$ und $\tau = (12)$

erzeugt werden kann.

5. Beweise, daß eine reguläre Permutation als Potenz eines Zyklus angeschrieben werden kann und umgekehrt, daß für $\gamma = (12 \ldots m)$, γ^s eine reguläre Permutation ist, bestehend aus d Zyklen vom Grad r, mit $d = (m, s)$ und $r = m/d$.

6. Beweise, daß der Zentralisator von $\gamma = (a_1, a_2, \ldots, a_n)$ in S_n aus den Permutationen $\iota, \gamma, \gamma^2, \ldots$, γ^{n-1} besteht.

7. Beweise, daß für $n > 2$ der Zentralisator von $\lambda = (a_1, a_2, \ldots, a_{n-1})$ in S_n gleich $\iota, \lambda, \lambda^2, \ldots, \lambda^{n-2}$ ist.

8. Beweise, daß für $n > 2$ das Zentrum von S_n nur die identische Permutation enthält.

9. Die *linksreguläre Darstellung* einer Gruppe G ist folgendermaßen definiert: einem festen Element u aus G ordnet man eine Permutation λ_u zu, die auf die Elemente von G durch die Regel $a\lambda_u = u^{-1}a$ $(a \in G)$ operiert. Weise die Gültigkeit folgender Behauptungen nach: (i) $\lambda_u\lambda_v = \lambda_{uv}$; (ii) $\lambda_u = \iota$ genau dann, wenn $u = 1$; (iii) $\lambda_u\rho_x = \rho_x\lambda_u$, wobei ρ_x in (7.42) definiert ist;

(iv) wenn eine Permutation θ von G mit allen λ_u kommutiert, dann ist $\theta = \rho_x$ für ein $x \in G$ und wenn η mit allen ρ_x kommutiert, dann ist $\eta = \lambda_u$ für ein $u \in G$.

10. Beweise, wenn G eine einfache Gruppe der Ordnung 168 ist und H eine echte Untergruppe von G, dann gilt $[G : H] \geqslant 6$.

11. Bestimme die Symmetriegruppe eines rechtwinkligen (nichtquadratischen) Plättchens.

12. Beweise, wenn die g Elemente einer transitiven Gruppe vom Grad n als Produkte von gegenseitig disjunkten Zyklen vom Grad größer als eins angeschrieben werden können, daß dann in diesen Zyklen $(n-1)g$ Buchstaben auftreten.

VIII. Sylow-Theoreme

46. p-Untergruppen

Das Theorem von Lagrange behauptet, daß in einer endlichen Gruppe G der Ordnung g die Ordnung einer jeden Untergruppe ein Teiler von g ist. Die Umkehrung dieses Theorems ist falsch; denn wir haben gesehen, daß es Gruppen gibt (Beispiel Seite 125), die nicht zu jedem Teiler von g eine Untergruppe mit dieser Ordnung enthalten. Wenn aber p^b eine Potenz einer Primzahl p ist, so daß p^b die Ordnung g teilt, dann hat G mindestens eine Untergruppe von der Ordnung p^b. Diese bemerkenswerte Tatsache wurde 1872 von dem norwegischen Mathematiker L. Sylow entdeckt. Dies ist für die Gruppentheorie von weitreichender Bedeutung und liefert eines der eindrucksvollsten Beispiele für den subtilen Zusammenhang zwischen arithmetischen und strukturellen Eigenschaften einer Gruppe. Es gibt in der Literatur viele Beweise für die berühmten Ergebnisse von L. Sylow. Wir folgen hier*) den eleganten Argumenten von H. Wielandt (1959); aufbauend auf Grundtatsachen werden nur einige elementare Schlüsse über Permutationen verwendet.

Theorem 27: Es sei G eine Gruppe der Ordnung g und p eine Primzahl, so daß p^b die Ordnung g teilt, wobei b eine positive ganze Zahl ist. Dann besitzt G m Untergruppen der Ordnung p^b, wobei m eine positive ganze Zahl mit $m \equiv 1 \pmod p$ ist.

Beweis: 1. Schreibe

$$g = p^b z, \tag{8.1}$$

wobei z eine positive ganze Zahl ist, die nicht relativ prim zu p sein muß. Wir machen eine vollständige Liste K aller Teilmengen, die aus p^b verschiedenen Elementen aus G bestehen. Wir schreiben für diese n Teilmengen

$$K: K_1, K_2, \ldots, K_n . \tag{8.2}$$

Es ist n gleich dem Binomialkoeffizienten $\binom{n}{p^b}$, doch wir werden diese Information im folgenden nicht benötigen. Das Theorem behauptet, daß zumindest eine der Teilmengen (8.2) eine Untergruppe ist.

Eine Teilmenge K gehört genau dann zu K, wenn in der Schreibweise von Seite 25 gilt

$$|K| = p^b .$$

Für ein Element x aus G gilt $|Kx| = |K|$. Also gehört Kx ebenfalls zu K. Damit bildet die Abbildung

$$K_i \to K_i x \quad (i = 1, 2, \ldots, n)$$

eine Permutation auf K. Wir sagen, daß in diesem Sinne G auf K operiert. Bezüglich dieser Operation kann auf K eine Äquivalenzrelation wie folgt definiert werden: die Teilmengen K_i und K_j heißen äquivalent, wenn es ein Element x aus G gibt mit $K_i = K_j x$. Der Leser wird ohne Schwierigkeiten nachweisen können, daß die üblichen Axiome einer Äquivalenzrelation erfüllt sind. Folglich wird K dadurch in gegenseitig disjunkte Äquivalenzklassen

---

*) Unsere Darstellung folgt B. Huppert, Endliche Gruppen I (Springer 1967), Seite 33.

aufgeteilt, die wir in diesem Zusammenhang *Orbit* nennen wollen. Damit besteht der Orbit von K, wir bezeichnen ihn mit $o(K)$, aus allen Teilmengen der Form Kx mit $x \in G$. Wenn x ganz G durchläuft, wird jedes Element des Orbits im allgemeinen mehrere Male auftreten. Die Anzahl der verschiedenen in $o(K)$ enthaltenen Teilmengen wird mit $|o(K)|$ bezeichnet. Die Zerlegung von K in Orbite sei

$$K = o(K) \cup o(K') \cup o(K'') \cup \dots \tag{8.3}$$

wobei $K, K', K'', \dots$ ein Vertretersystem der Orbite ist. Wenn wir die Anzahl der Elemente auf beiden Seiten abzählen, erhalten wir

$$n = |o(K)| + |o(K')| + |o(K'')| + \dots \tag{8.4}$$

2. Wir werden nun einen Orbit $o(K)$ genauer untersuchen. Es sei S der Stabilisator von K unter der Operation von G (siehe Seite 126). Weiters sei

$$G = \bigcup_{i=1}^{r} St_i \quad (t_1 = 1)$$

die Zerlegung von G in rechte Nebenklassen modulo S. Wir behaupten, daß $o(K)$ aus den Teilmengen

$$Kt_1, Kt_2, \dots, Kt_r \tag{8.5}$$

besteht. Offensichtlich gehören alle diese Mengen zu $o(K)$; denn aus $Kt_i = Kt_j$ würde $Kt_i t_j^{-1} = K$ folgen, das heißt $t_i t_j^{-1} \in S$ und daher $St_i = St_j$, folglich $i = j$. Nun hat ein Element von $o(K)$ die Form Kx. Wenn x in der Nebenklasse St_i liegt, haben wir $x = ut_i$, mit $u \in S$ und daher $Kx = Kut_i = Kt_i$. Damit haben wir

$$|o(K)| = [G:S] \tag{8.6}$$

nachgewiesen. Weitere Informationen über S können wir von der Tatsache ableiten, daß K als Kardinalzahl eine Primzahlpotenz besitzt. Die definierende Eigenschaft des Stabilisators kann durch die Gleichung

$$KS = K$$

ausgedrückt werden, wobei dies als Relation zwischen Teilmengen von G aufzufassen ist. Wenn also $K = v_1 \cup v_2 \cup v_3 \cup \dots$ ist erhalten wir

$$K = v_1 S \cup v_2 S \cup v_3 S \cup \dots . \tag{8.7}$$

Also ist K die Vereinigung von Linksnebenklassen von S. Wir wissen, daß zwei solche Nebenklassen entweder disjunkt sind oder gleich und daß jede $|S|$ Elemente enthält. Wenn also f die Anzahl der verschiedenen Nebenklassen in (8.7) ist, haben wir

$$p^b = f|S| .$$

Es folgt, daß $|S|$ eine Potenz von p ist, etwa

$$|S| = p^c , \tag{8.8}$$

mit $c \leq b$. Nun sind zwei Fälle zu unterscheiden.

(i) $|S| = p^b$. Wir wissen noch nicht, ob dieser Fall auftreten kann. Falls dies möglich ist, gilt

$$|o(K)| = \frac{g}{p^b} = z ,$$

wobei z in (8.1) definiert ist. Da $|S|$ seinen größten Wert annimmt, wollen wir $o(K)$ einen *minimalen Orbit* nennen. Da nach dieser Voraussetzung K und S dieselbe Mächtigkeit haben, leiten wir aus (8.7) ab, daß K nur aus einer Nebenklasse besteht:

$$K = vS \quad (v \in K) .$$

Die Teilmenge

$$H = Kv^{-1} = vSv^{-1}$$

gehört klarerweise zu $o(K)$ und ist sogar eine Untergruppe, nämlich eine zu S konjugierte Gruppe. Damit haben wir gezeigt, daß jeder minimale Orbit mindestens eine Untergruppe enthält.

Aus $|H| = p^b$ folgt

$$[G: H] = z = |o(K)| .$$

Es seien

$$Hw_1, Hw_2, \ldots, Hw_z \tag{8.9}$$

die Nebenklassen von H in G. Jede dieser Nebenklassen gehört zu $o(K)$; da sie alle verschieden sind, bilden sie ganz $o(K)$. Doch wir wissen, daß genau eine der Nebenklassen, nämlich H, eine Gruppe ist. Also haben wir bewiesen, daß *ein minimaler Orbit genau eine Untergruppe von G enthält*.

    (ii) $|S| = p^c < p^b$. In diesem Fall ist der Orbit $o(K)$ nicht minimal und es ist

$$|o(K)| = g/p^c = zp^{b-c} ,$$

also

$$|o(K)| \equiv 0 \,(\text{mod } pz) . \tag{8.10}$$

Ein nichtminimaler Orbit kann keine Untergruppe enthalten; denn wenn dies der Fall wäre, könnten wir diese Untergruppe als Erzeugendes von $o(K)$ wählen und daher ohne Beschränkung der Allgemeinheit annehmen, daß K selbst eine Gruppe ist. Dann würde K in seinem eigenen Stabilisator liegen, da $KK = K$ gilt (siehe (2.6), Seite 26). Also wäre $|S| \geqslant |K| = p^b$, im Gegensatz zur Annahme (ii).

    3. Kommen wir zu (8.4) zurück. Wir werden die minimalen Terme, falls sie existieren, von den anderen trennen. Es gibt genau eine Untergruppe in jedem minimalen Orbit; und verschiedene Orbite enthalten verschiedene Untergruppen, weil die Orbite disjunkt sind. Die Mächtigkeit $|o(K)|$ ist für jeden minimalen Orbit gleich z und die Anzahl solcher Orbite ist gleich der im Theorem definierten Zahl m. (Beachte, daß wir zu dieser Zeit noch nicht wissen, ob m positiv ist.) Also ist der Beitrag aller minimaler Orbite zu (8.4) gleich mz. Wegen (8.10) ist jeder der verbleibenden Summanden in (8.4) durch pz teilbar und wir können dies durch die Kongruenz

$$n \equiv mz \,(\text{mod } pz) \tag{8.11}$$

beschreiben. Eine entscheidende Tatsache in diesem Beweis ist die, daß die auf Seite 135 definierte Zahl n nur von der Ordnung der Gruppe und nicht von ihrer Struktur abhängt. Also hat n für alle Gruppen der Ordnung $p^b z$ denselben Wert, während m bei festem n variieren kann. Wir sollten daher (8.11) genauer mit

$$n = m_G z + k_G pz$$

anschreiben, wobei m_G und k_G ganze von G abhängige Zahlen sind. Um nun Informationen über n zu erhalten, wenden wir dieses Ergebnis auf die zyklische Gruppe der Ordnung $p^b z$ an.

Wir wissen aus Theorem 4 (Seite 32), daß C genau eine Untergruppe der Ordnung p^b besitzt. Also ist $m_C = 1$ und daher

$$n = z + k_C p z .$$

Setzen wir die beiden Ausdrücke für n gleich, erhalten wir

$$z + k_C p z = m_G z + k_G p z ,$$

also wenn man durch z dividiert, wie behauptet:

$$m_G \equiv 1 \ (\mathrm{mod}\ p) .$$

47. Die Sätze von Sylow

Die Ergebnisse von Sylow werden üblicherweise in drei Sätzen zusammengefaßt, die wir in diesem Abschnitt präsentieren.

Theorem 28 (Erster Satz von Sylow): Wenn p^a die höchste Potenz einer Primzahl p ist, die die Ordnung einer Gruppe G teilt, dann besitzt G mindestens eine Untergruppe der Ordnung p^a.

Beweis: Dies ist ein Spezialfall von Theorem 27. Es entspricht dem größtmöglichen Wert des Exponenten b.

Definition 14: Es sei G eine endliche Gruppe der Ordnung g. Weiters sei $g = p^a g'$, wobei p eine Primzahl ist und $(g', p) = 1$. Dann heißt jede Untergruppe der Ordnung p^a von G eine *p-Sylow-Gruppe* von G.

Eine Gruppe G kann zu einer Primzahl mehr als eine Sylow-Gruppe enthalten. Denn, wenn P eine Untergruppe der Ordnung p^a ist, dann ist es auch jede konjugierte Gruppe $x^{-1} P x$, für beliebiges x aus G. Also ist jede konjugierte einer Sylow-Gruppe wieder eine Sylow-Gruppe. Natürlich brauchen die konjugierten Gruppen nicht voneinander verschieden zu sein. Aber das nächste Theorem zeigt uns, daß keine anderen Sylow-Gruppen existieren können.

Theorem 29 (Zweiter Satz von Sylow): Alle Sylow-Gruppen, die zur selben Primzahl gehören, sind in G zueinander konjugiert.

Beweis: Wir setzen wie in Definition 14 $|G| = g = p^a g'$ mit $(g', p) = 1$. Angenommen, A und B sind Untergruppen der Ordnung p^a. Wir suchen die Zerlegung von G in doppelte Nebenklassen bezüglich A und B (Theorem 6, Seite 47), also:

$$G = A t_1 B \cup A t_2 B \cup \ldots \cup A t_r B ,$$

$$g = p^{2a} \sum_{i=1}^{r} d_i^{-1} , \qquad\qquad (8.12)$$

$$d_i = |t_i^{-1} A t_i \cap B| . \qquad\qquad (8.13)$$

Wenn wir (8.12) durch p^a dividieren, erhalten wir

$$g' = p^a \sum_{i=1}^{r} d_i^{-1} \; . \tag{8.14}$$

Nun ist d_i die Ordnung einer Untergruppe von B und muß daher gleich einer nicht-negativen Potenz von p sein. Also ist jeder Summand auf der rechten Seite von (8.14) entweder gleich 1 oder eine Potenz von p mit positivem Exponenten. Aber g' ist nicht durch p teilbar. Deshalb ist zumindest einer der Summanden gleich 1, etwa $p^a d_j^{-1} = 1$, das heißt $d_j = p^a$. Damit erhalten wir

$$p^a = |\, t_j^{-1} A t_j \cap B \,| \; .$$

Da die Gruppen $t_j^{-1} A t_j$ und B beide von der Ordnung p^a sind, kann ihr Durchschnitt dann und nur dann von der Ordnung p^a sein, wenn die Gruppen identisch sind. Also

$$B = t_j^{-1} A t_j \; ,$$

das heißt A und B sind wie behauptet konjugierte Gruppen.

Korollar 1: Eine endliche Gruppe G besitzt dann und nur dann eine einzige Sylow-Gruppe P zu einer Primzahl p, wenn P Normalteiler in G ist.

Beweis: Die Bedingung der Eindeutigkeit ist zur Behauptung $x^{-1} P x = P$ (für alle x aus G) gleichwertig. Doch dies heißt ja gerade, daß P ein Normalteiler in G ist.

Im Fall der endlichen abelschen Gruppen sind die Sylow-Gruppen notwendigermaßen eindeutig bestimmt. Der Begriff der Sylow-Gruppen fällt hier mit dem einer p-primären Komponente (Seite 83) zusammen. In multiplikativer Schreibweise können wir Theorem 16 (Seite 83) wie folgt neu formulieren.

Korollar 2: Eine endliche abelsche Gruppe ist das direkte Produkt ihrer Sylow-Gruppen.

Das nächste Theorem gibt genauere Informationen über die Anzahl der p-Sylow-Gruppen.

Theorem 30 (Dritter Satz von Sylow): Es sei r die Anzahl der p-Sylow-Gruppen von G. Dann ist r eine Zahl der Form $1 + pk$, und r ist ein Faktor der Ordnung von G.

Beweis: Die Behauptung $r \equiv 1 \pmod{p}$ wurde schon in Theorem 27 bewiesen. Es bleibt noch zu zeigen, daß $r \,|\, g$ gilt, mit $g = |G|$. Es sei

$$P: \; P_1 \,(= P), P_2, \ldots, P_r$$

die Menge aller p-Sylow-Gruppen von G. Dann ist P wegen Theorem 29 eine vollständige Liste aller Konjugierten von P. Der Leser, der die Übung 6 aus Kapitel III (Seite 69) gelöst hat, weiß, daß gilt

$$r = [G : N(P)] \; , \tag{8.15}$$

wobei $N(P)$ der Normalisator von P in G ist. Wenn also $|N(P)| = n$ ist, dann erhalten wir $g = nr$, was zeigt, daß r die Zahl g teilt. Die Beziehung (8.15) ist analog zu (8.6).

Denn tatsächlich können wir eine Operation von G auf der Menge P definieren, indem wir jedem Element x aus G die Abbildung

$$P \to x^{-1}Px \quad (P \in P)$$

zuordnen, die eine Permutation auf P verursacht. Wenn x ganz G durchläuft, erhält man jedes Element aus P, das heißt der Orbit von P ist ganz P und wir haben

$$|o(P)| = r \,.$$

Der Stabilisator von P besteht aus denjenigen Elementen u aus G, für die $u^{-1}Pu = P$ gilt. In unserem Zusammenhang ist der Stabilisator gleich dem Normalisator. Wenn wir $N(P)$ für S schreiben sehen wir, daß (8.6) zu (8.15) wird.

48. Anwendungen und Beispiele

Die Sätze von Sylow bilden ein schlagkräftiges Werkzeug, um die Struktur von endlichen Gruppen zu untersuchen. Insbesondere dann wird die Methode wirksam, wenn die Gruppe zu einer Primzahl nur eine einzige Sylow-Gruppe enthält.

Proposition 31: Es sei G von der Ordnung pq, wobei p und q Primzahlen mit $p < q$ und $q \not\equiv 1 \pmod p$ sind. Dann ist G notwendigerweise abelsch.

Beweis: Es sei r die Anzahl der p-Sylow-Gruppen. Nach Theorem 30 gilt $r \mid pq$ und $r = 1 + pk$. Offensichtlich ist $(r, p) = 1$ und daher $r \mid q$. Da q eine Primzahl ist folgt $r = 1$ oder $r = q$. Der zweite Fall würde bedeuten, daß $q = 1 + pk$ gilt, das heißt $q \equiv 1 \pmod p$, was wir ja nach Voraussetzung ausgeschlossen haben. Also besitzt G nach Korollar 1 einen Normalteiler P der Ordnung p, der notwendigerweise zyklisch ist. Wir bezeichnen sein Erzeugendes mit u :

$$P = \mathrm{gp}\,\{u\} \lhd G \,. \tag{8.16}$$

Nun wollen wir annehmen, daß G genau s q-Sylow-Gruppen besitzt. Dann gilt $s \mid pq$ und $s = 1 + ql$. Wegen $(s, q) = 1$ gilt $s \mid p$ und daher $s \leqslant p$. Wäre $l \geqslant 1$, dann hätten wir $s \geqslant 1 + q > p$, ein Widerspruch. Es folgt also $l = 0$ und G hat einen Normalteiler Q der Ordnung q mit dem Erzeugenden v :

$$Q = \mathrm{gp}\,\{v\} \lhd G \,. \tag{8.17}$$

Da die Ordnungen von P und Q relativ prim sind, gilt

$$P \cap Q = \{1\} \,. \tag{8.18}$$

Es folgt aus Proposition 11 (Seite 65), daß die Elemente von P und Q paarweise kommutieren, insbesondere

$$uv = vu \,. \tag{8.19}$$

Die Produkte

$$u^{\alpha}v^{\beta} \quad (\alpha = 0, 1, \ldots, p-1;\; \beta = 0, 1, \ldots, q-1)$$

sind voneinander verschieden, da eine Gleichheit zweier solcher Produkte im Widerspruch zu (8.18) stünde. Also bilden diese Elemente die gesamte Gruppe und (8.19) macht klar ersichtlich, daß die Gruppe abelsch ist.

Beispiel 1. Es kann keine einfache Gruppe der Ordnung 200 geben. Denn da $200 = 5^2 \cdot 8$ ist, enthält die Gruppe r Sylow-Gruppen der Ordnung 25, wobei r von der Gestalt $1 + 5k$ ist und die Zahl 200 teilt. Wegen $(r, 5) = 1$ muß $r \mid 8$ gelten was nur für $k = 0$ möglich ist. Also enthält die Gruppe einen einzigen Normalteiler der Ordnung 25 und ist daher nicht einfach.

Beispiel 2. Es kann keine einfache Gruppe der Ordnung 30 geben. Wenn es so eine Gruppe gäbe, wäre keine der Sylow-Gruppen eindeutig. Also hätten wir $1 + 5 = 6$ verschiedene Sylow-Gruppen der Ordnung 5, die $6 \cdot 4 = 24$ Elemente der Ordnung 5 enthielten. Genauso gäbe es $1 + 3 \cdot 3 = 10$ verschiedene Sylow-Gruppen der Ordnung 3 was auf 20 Elemente der Ordnung 3 führen würde. Also würde die Gesamtzahl der Elemente 30 übersteigen.

Wir können nun zu einem allgemeineren Ergebnis über Sylow-Gruppen.

Theorem 31: Es sei P eine Sylow-Gruppe einer endlichen Gruppe G und H eine Untergruppe von G, die den Normalisator von P enthält. Dann ist H sein eigener Normalisator.

Beweis: Es sei $u \in N(H)$ (dem Normalisator von H), das heißt $u^{-1}Hu = H$. Nun ist $P \leqslant N(P) \leqslant H$ und daher $u^{-1}Pu \leqslant u^{-1}Hu = H$. Also ist $u^{-1}Pu$, da von derselben Ordnung wie P, ebenfalls eine Sylow-Gruppe von H. Wenden wir Theorem 29 auf H an, dann können wir ableiten, daß ein Element h_1 von H existiert, mit

$$h_1^{-1}(u^{-1}Pu)h_1 = P \,.$$

Dies bedeutet, daß uh_1 P normalisiert. Aus der Voraussetzung $N(P) \leqslant H$ folgt $uh_1 = h_2 \in H$. Also ist $u \in H$, was das Theorem beweist.

Schließlich wollen wir noch zeigen, daß die in Korollar 2, Seite 139 erwähnte Eigenschaft tatsächlich charakteristisch für alle endlichen nilpotenten Gruppen ist.

Theorem 32: Es sei G eine endliche Gruppe der Ordnung $p_1^{\alpha_1}, p_2^{\alpha_2}, \ldots, p_r^{\alpha_r}$ und $P_1, P_2, \ldots, P_r$ seien Sylow-Gruppen, die den Primzahlen $p_1, p_2, \ldots, p_r$ entsprechen. Dann ist P genau dann nilpotent, wenn gilt:

(i) $P_i \lhd G$ $(i = 1, 2, \ldots, r)$ und

(ii) $G = P_1 \times P_2 \times \ldots \times P_r \,.$ (8.20)

Beweis: Zuerst wollen wir annehmen, daß (8.20) gilt. Wir wissen, daß jeder Faktor in einem direkten Produkt ein Normalteiler ist (Seite 65). Also ist nach Beispiel 2, Seite 108 jede Sylow-Gruppe nilpotent. Es bleibt noch zu zeigen, daß ein Produkt von nilpotenten Gruppen wieder nilpotent ist. Somit seien K und L als nilpotente Gruppen vorausgesetzt und wir betrachten $K \times L$. Wenn $\Gamma_i(K)$, $\Gamma_i(L)$ und $\Gamma_i(K \times L)$ die Faktoren der Reihen (6.18) für die Gruppen K, L und $K \times L$ darstellen, dann gilt klarerweise

$$\Gamma_i(K \times L) = \Gamma_i(K) \times \Gamma_i(L), \quad (i = 1, 2, \ldots) \,.$$

Wenn also $\Gamma_i(K)$ und $\Gamma_i(L)$ für genügend große i zur Einheitsgruppe werden, dann auch $\Gamma_i(K \times L)$, das heißt $K \times L$ ist nilpotent. Damit folgt aus (8.20) die Nilpotenz von G.

Wir setzen nun umgekehrt voraus, daß G eine endliche nilpotente Gruppe ist. Sei P eine einer bestimmten Primzahl entsprechende Sylow-Gruppe und setze H = N(P). Wir behaupten, daß H = G, also P ⊲ G gilt. Denn, wenn im Gegenteil dazu H eine echte Untergruppe wäre, dann hätten wir N(H) > H; andererseits folgt aber aus Theorem 31: N(H) = H. Dieser Widerspruch beweist H = G. Also ist P_i ⊲ G (i = 1, 2, ..., r). Offensichtlich ist für i ≠ j: $P_i \cap P_j = \{1\}$. Also folgt aus der Proposition 11 (Seite 65) und der Definition des direkten Produktes (Seite 36):

$$P_1 P_2 \ldots P_r = P_1 \times P_2 \times \ldots \times P_r \, .$$

Dies ist eine Untergruppe der Ordnung $p_1^{\alpha_1} p_2^{\alpha_2} \ldots p_r^{\alpha_r}$ und stellt daher die ganze Gruppe G dar.

Übungen

1. Zeige, daß die A_4 eine Sylow-Gruppe der Ordnung 4 und vier Sylow-Gruppen der Ordnung 3 besitzt.

2. Berechne eine der 2-Sylow-Gruppen von S_4. Mit welcher der auf den Seiten 39–40 gegebenen Gruppen ist sie isomorph? Wie viele 2-Sylow-Gruppen gibt es?

3. Beweise, daß es keine einfache Gruppe der Ordnung 56 gibt.

4. Es sei G eine Gruppe der Ordnung $p^2 q$, mit den Primzahlen p und q, derart daß q kleiner ist als p und kein Faktor von $p^2 - 1$ ist. Zeige, daß G abelsch ist.

5. Es sei p eine Primzahl, die die Ordnung einer Gruppe G teilt. Zeige: eine Untergruppe K von G derart, daß | K | eine Potenz von p ist, ist in mindestens einer p-Sylow-Gruppe enthalten.

6. Zeige, daß eine normale p-Untergruppe in jeder p-Sylow-Gruppe enthalten ist.

7. Es sei P eine p-Sylow-Gruppe einer endlichen Gruppe G und H ein Normalteiler von G. Beweise
   (i) HP/H ist eine p-Sylow-Gruppe von G/H und (ii) $H \cap P$ ist eine p-Sylow-Gruppe von H.

Lösung der Übungsaufgaben

Kapitel I

2. Das Assoziativgesetz gilt nicht.

3. $xa^n = \alpha^n x + \beta(\alpha^n - 1)/(\alpha - 1)$.

4. $ab = (ab)^{-1} = b^{-1}a^{-1} = ba$.

5. $ba = a^{-1}(ab)a^{-1}$, siehe Seite 15 (iii).

6. Beachte, daß gilt: $a^m b^{n-1} = b(ab^{-1})b^{-1}$, $a^{m-2}b^n = a^{-1}(a^{-1}b)a$.

8. Es gibt ganze Zahlen u, v mit $um + vn = 1$; setze $y = x^{vn}$, $z = x^{um}$.

9. Diejenigen Elemente, die nicht der Gleichung $x^2 = 1$ genügen, können als disjunkte Paare angeordnet werden: (u, u^{-1}), (v, v^{-1}), ... Die Gleichung hat daher eine gerade Anzahl von Lösungen, eine davon ist 1.

10. Die Ordnung beträgt jeweils 1, 3, 6, 3, 6, 2 und 3 oder 5 kann als Erzeugendes verwendet werden.

13. (i) $(1478)(265)(39)$; (ii) $(acdf)(be)$.

14. (i) $(abc...k)$; (ii) $(a_r y b_1 ... b_s x c_1 ... c_t)$; (iii) $a_r y c_1 c_2 ... c_t)(xzb_1 b_2 ... b_s)$.

Kapitel II

2. Aus $u, v \in At \cap Bs$ folgt $uv^{-1} \in A \cap B$ und daher ist $Du = Dv$. Die Anzahl der verschiedenen Nebenklassen von D kann die Anzahl der nichtleeren Durchschnitte $At \cap Bs$ nicht übersteigen und jedes Element liegt in so einem Durchschnitt.

3. Da $|A \cap B|$ sowohl $|A|$ als auch $|B|$ teilt, folgt $|A \cap B| = 1$.

4. Wenn G zyklisch ist, folgt das Ergebnis aus Theorem 4. Für eine nichtzyklische Gruppe G sei $x \in G$ mit $x \neq 1$; dann ist $gp\{x\}$ eine echte Untergruppe.

5. $gp\{a\}$, $gp\{a^2, b\}$, $gp\{ab, a^3b\}$.

6. Es reicht zu zeigen, daß diese Relationen die auf Seite 41 gegebenen implizieren, also $a = cd$, $ac = cdc$, somit $a^3 = 1$, $(ac)^2 = 1$.

9. Schreibe die Elemente in der Form $a^k, a^k b$ $(0 \leq k \leq 5)$; $c = b^{-1}ab$ muß dann eine Potenz von a sein und ist von derselben Ordnung wie a. Da $c = a$ ausgeschlossen ist, folgt $c = a^{-1}$. Weiters gilt $b^2 = a^l$ mit passendem l und daher $b^2 = b^{-1}b^2 b = b^{-1}a^l b = a^l$. Daher ist $a^{2l} = 1$, also $l = 0$ oder $l = 3$.

10. Z.B. $gp\{2\} \times gp\{-1\}$, das ist $gp\{2\} \times gp\{20\}$.

Kapitel III

1. Für $b = t^{-1}at$ folgt aus $a^m = 1$, daß $b^m = 1$ ist und umgekehrt.

2. (i) Wenn $C(a)$ der Zentralisator von a ist, dann gilt $C(a) = C(a^{-1})$, also folgt das Ergebnis aus Proposition 7. (ii) Verwende die Klassengleichung (3.5), wobei $h_1 = 1$ angenommen werden kann; wenn die Behauptung falsch wäre, könnten die verbleibenden Terme in Paaren von gleichen Ausdrücken angeordnet werden, jedes Paar entspricht dabei inversen Klassen. Doch dann wäre g ungerade, im Widerspruch zur Voraussetzung.

3. Es sei $a = (a_{ij}) \in Z$, dem Zentrum von G. Dann gilt $ax = xa$ für alle $x \in G$. Insbesondere können wir eine Diagonalmatrix $x = \text{diag}(x_1, x_2, ..., x_n)$ mit verschiedenen Diagonalelementen nehmen. Es folgt $a_{ij}x_j = x_i a_{ij}$, also $a_{ij} = 0$ für $i \neq j$; also ist a selbst eine Diagonalmatrix. Als nächstes nehmen wir für x die Permutationsmatrix $p = (p_{ij})$, mit $p_{i,i+1} = 1$ $(i < n)$, $p_{n1} = 1$ und alle übrigen $p_{ij} = 0$. Die Gleichung $ap = pa$ impliziert dann $a_{11} = a_{22} = ... = a_{nn}$, das heißt a ist eine Skalarmatrix.

4. $Z = \mathrm{gp}\,\{a^2\}$. Die Elemente von G/Z sind Z, Za, Zb, Zab; $G/Z \cong V$ (Seite 40).

5. Wenn s und t obere Dreiecksmatrizen sind, dann ist auch st eine obere Dreiecksmatrix mit der Diagonalen $s_{11}t_{ss}, s_{22}t_{22}, \ldots, s_{nn}t_{nn}$, also können die Gruppeneigenschaften leicht bewiesen werden. Es sei $\theta: T \to D$ die durch $t\theta = \mathrm{diag}(t_{11}, t_{22}, \ldots, t_{nn})$ definierte Abbildung. Dann ist E der Kern von θ und die Behauptung folgt aus dem ersten Isomorphiesatz.

6. Beachte, daß $x^{-1}Hx = y^{-1}Hy$ genau dann gilt, wenn $xy^{-1} \in N(H)$, das heißt $N(H)x = N(H)y$. (Siehe Beweis von Proposition 7, Seite 51).

7. G/N ist eine endliche Gruppe der Ordnung n und das Element Nt von G/N ist von der Ordnung h. Also folgt aus dem Theorem von Lagrange $h \mid r$. Ebenso gilt $(Nt)^r = Nt^r = N$, also $h \mid r$ (Proposition 1, Seite 15).

8. Beide Teile werden durch Induktion über k unter der Verwendung von $ab = bac$, $ac = ca$ und $bc = cb$ bewiesen.

9. Nach dem dritten Isimorphiesatz gilt $A/A \cap N \cong NA/N$ und dies ist eine Untergruppe der endlichen Gruppe G/N der Ordnung n. Also ist $|A/A \cap N|$ ein Teiler von n.

10. Jede dieser Gruppen hat als Zentrum $Z = \mathrm{gp}\,\{a^2\}$. Wegen $a^2 = [a, b]$ ist $a^2 \in G'$ und daher $Z \leqslant G'$. Auf der anderen Seite ist G/Z von der Ordnung 4 und daher abelsch. Deshalb (Theorem 11) ist $G' \leqslant Z$, also $G' = Z = \mathrm{gp}\,\{a^2\}$.

11. Es sei $N \triangleleft G$ und $C = C(N)$ (Seite 52). Für $c \in C$ ist $cu = uc$ für alle $u \in N$. Aus $t \in G$ folgt $c^t u^t = u^t c^t$; doch u^t kann jedes Element aus N sein. Also gilt $c^t \in C$ und somit $C \triangleleft G$.

12. $(xy)\theta = (xy)^{-1} = y^{-1}x^{-1} = x^{-1}y^{-1} = (x\theta)(y\theta)$. Es ist leicht zu zeigen, daß θ bijektiv ist.

13. Es sei $x\tau = t^{-1}xt$ ein innerer Automorphismus und α ein beliebiger Automorphismus; setze $s = t\alpha$ und $x\sigma = s^{-1}xs$. Dann gilt $x\alpha\sigma = s^{-1}(x\alpha)s$, $x\overset{\circ}{\tau}\alpha = (t^{-1}xt)\alpha = s^{-1}(x\alpha)s$. Also $\alpha\sigma = \tau\alpha$, $\alpha^{-1}\tau\alpha \in I(G)$, $I(G) \triangleleft A(G)$.

14. Es sei $\alpha \in A(G)$; dann ist $[a, b]\alpha = [a\alpha, b\alpha] \in G'$. Also $G'\alpha \subset G'$. Analog $G'\alpha^{-1} \subset G'$, also $G' \subset G'\alpha$ und somit $G'\alpha = G'$.

Kapitel IV

1. Konstruiere die freie abelsche Gruppe $F = \langle u_1, u_2, \ldots, u_n \rangle$ und setze $v_1 = b_1 u_1 + b_2 u_2 + \ldots + b_n u_n$. Es gibt Elemente $v_2, v_3, \ldots, v_n$ derart, daß $F = \langle v_1, v_2, \ldots, v_n \rangle$ und $v_i = \Sigma_j b_{ij}u_j$, wobei (b_{ij}) eine unimodulare Matrix mit der gesuchten Eigenschaft ist.

2. Es sei $|A| = p_1 p_2 \ldots p_n$. In (4.47) ist die Primärkomponente P_i von der Ordnung p_i und daher zyklisch, etwa $P_i = \mathrm{gp}\,\{x_i\}$. Dann ist $x = x_1 x_2 \ldots x_n$ ein Element der Ordnung $p_1 p_2 \ldots p_n$ und erzeugt daher A.

3. Sei e_1 die größte Invariante; die t_ρ fehlen in (4.37), w_1 ist von der Ordnung e_1 und jedes Element erfüllt $e_1 x = 0$.

4. Jede der $\phi(24)$ (= 8) Restklassen erfüllt $x^2 \equiv 1 \pmod{24}$.

5. (i) 4, 3, 5; (ii) (4, 2), 3, (5, 5); 60, 10.

6. $C_\infty \oplus C_3 \oplus C_6$.

7. (i) $r = 1$, $e_1 = 2$; (ii) $r = 2$, $e_1 = 2$.

8. $v_1 = u_1 + u_2 + ku_3$, $v_2 = u_2 - u_3$, $v_3 = -u_3$; $s_1 = r_3$, $s_2 = r_2 - r_3$, $s_3 = r_1 + r_2 - (k + 1)r_3$; $e_1 = 1$, $e_2 = k - 1$, $e_3 = (k - 1)(k + 2)$.

9. Wegen Theorem 16 reicht es, die Proposition für eine abelsche Gruppe P von Primzahlpotenz-Ordnung zu beweisen. Sei $|P| = p^m$. Wir müssen zeigen, daß es für jedes $n \leqslant m$ eine Untergruppe P' gibt, mit $|P'| = p^n$. Angenommen $P = \Sigma_i \oplus P_i$, mit $|P_i| = p^{\delta_i}$. Dann ist $m = \Sigma_i \delta_i$. Offensichtlich können wir $n = \Sigma_i \lambda_i$ schreiben, mit $0 \leqslant \lambda_i \leqslant \delta_i$. Nach Theorem 4 gibt es eine Untergruppe $P'_i \subset P_i$ der Ordnung p^{λ_i}. Setze $P' = \Sigma_i P'_i$.

11. Wir wollen die Elemente der Gruppe mit den p^3 Vektoren $a = (\alpha_1, \alpha_2, \alpha_3)$ mit $0 \leqslant \alpha_i < p$ $(i = 1, 2, 3)$ identifizieren. Der erste Basisvektor a_1 kann einer der $p^3 - 1$ von null verschiedenen Vektoren sein.

Der zweite Basisvektor $\mathbf{a}_2$ kann ein Vektor sein, der kein skalares Vielfaches von $\mathbf{a}_1$ ist; es gibt $p^3 - p$ solche Vektoren. Schließlich bildet $\mathbf{a}_3$ einen Basisvektor, wenn er keine Linearkombination von $\mathbf{a}_1$ und $\mathbf{a}_2$ ist; es gibt $p^3 - p^2$ solche Vektoren. Also haben wir $(p^3 - 1)(p^3 - p)(p^3 - p^2)$ Möglichkeiten.

12. Betrachte die freie abelsche Gruppe $F = \langle u_1, u_2, \dots, u_n \rangle$ und die Untergruppe $R = gp\{r_1, r_2, \dots, r_m\}$ mit $r_i = \Sigma_j b_{ij} u_j$. Ein Wechsel der Erzeugenden von F und R verursacht eine Multiplikation von B durch Q von rechts und durch P von links.

Kapitel V

1. Es sei F eine freie Gruppe und U die Familie von Wörtern, in der die Summe der Exponenten eines jeden Erzeugenden null beträgt. Dann ist U eine Untergruppe und es ist $F' \subset U$. Umgekehrt wird jedes Element von U unter der kanonischen Abbildung $F \to F/F'$ in F' abgebildet. Also ist $U \subset F'$ und somit $U = F'$.

2. (i) $C_2 \times C_2$, (ii) C_4.

3. Die Relationen kann man mit $b^{-1} a^{-1} ba = b$, $a^{-1} b^{-1} ab = a$ angeben, also $ab = 1$. Damit ist $b = a^{-1}$ und wir erhalten $a = b = 1$.

Kapitel VI

1. In beiden Fällen kann $G \rhd gp\{a\} \rhd \{1\}$ als Kompositionsreihe genommen werden. Alle Kompositionsfaktoren sind von der Ordnung 2.

2. Angenommen $G^{(s)} = \{1\}$. Aus $H \leqslant G$ folgt $H^{(i)} \leqslant G^{(i)}$ $(i = 1, 2, \dots)$. Wenn $N \lhd G$ ist, dann gilt $G/N = G\nu$, wobei $\nu: G \to G/N$ der natürliche Epimorphismus ist. Beachte: $(G\nu)^{(i)} = G^{(i)}\nu$ $(i = 1, 2, \dots)$. Also enden die Kommutatorreihen für H und G nach höchstens s Schritten in der Einsgruppe.

4. Wegen $\Gamma_3 = [\Gamma_2, G] = [G', G] = \{1\}$, liegt G' im Zentrum. Mit den Formeln von Übung 3 heißt dies $[x, z]^y = [x, z]$, $[x, y]^z = [x, y]$.

5. Wie Übung 2.

6. Wegen $\Gamma_4 = \{1\}$ liegt $\Gamma_3 = [G', G]$ im Zentrum; insbesondere ist $[v, x^{-1}] = c \in Z$, das heißt $v^{-1} xv = cx$. Auch wenn $y \in G$ ist, folgt $v^{-1} yv = dy$ mit $d \in Z$. Nun ist $v^{-1}[x, y]v = v^{-1}(x^{-1} y^{-1} xy)v = c^{-1} d^{-1} cd \cdot [x, y] = [x, y]$. Daher kommutiert v mit jedem Element von G'.

7. Nach Proposition 20 gilt $M < N(M)$; also ist $N(M) = G$, das heißt $M \lhd G$. Ebenso kann G/M keine echte Untergruppe enthalten, da diese Gruppe M umfassen würde. Daher ist $|G/M|$ eine Primzahl.

8. Die Elemente von $D(2^n)$ haben die Darstellung $a^\alpha b^\beta$ $(\alpha = 0, 1, \dots, 2^n - 1, \beta = 0, 1)$. Wegen $b^{-1} ab = a^{-1}$, muß ein Element des Zentrums $a^\alpha b^\beta = a^{-\alpha} b^\beta$ erfüllen, also $\alpha = 0$ oder 2^{n-1} und $\beta = 0$, weil b nicht im Zentrum liegt. Daher ist $Z_1 = \{1, a^{2^{n-1}}\}$. Wenn $\bar{a} = aZ_1$, $\bar{b} = bZ_1$ ist, dann gilt $(\bar{a})^{2^{n-1}} = \bar{b}^2 = (\overline{ab})^2 = \bar{1}$. Die nachfolgenden Terme der oberen Zentralreihe haben Index 2.

Kapitel VII

2. Es sei $\xi = \sigma_1 \sigma_2 \dots \sigma_r$, wobei σ_i ein Zyklus vom Grad m_i $(i = 1, 2, \dots, r)$ ist. Dann ist $n = m_1 + m_2 + \dots + m_r$. Aus (7.25) erhalten wir $\varsigma(\xi) = (-1)^v$ mit $v = \Sigma_i (m_i - 1) = n - r$.

3. Es gilt $(12)(23)(12) = (13)$, $(13)(34)(13) = (14)$ usw.; nun verwende Proposition 25.

4. Betrachte $\gamma^{-r} \tau \gamma^r$ $(r = 0, 1, \dots, n - 2)$ und verwende die vorige Übung.

5. Der erste Teil folgt aus der Formel

$$\prod_{\lambda=1}^{k} (a_1^{(\lambda)} a_2^{(\lambda)} \dots a_r^{(\lambda)}) = (a_1^{(1)} a_1^{(2)} \dots a_1^{(k)} a_2^{(1)} a_2^{(2)} \dots a_2^{(k)} a_3^{(1)} \dots)^k$$

Der zweite Teil ist eine Folge des Satzes von Cayley und der Tatsache, daß γ^s von der Ordnung m/d ist (siehe Proposition 2, Seite 15).

6. Nach Proposition 22 enthält die Konjugiertenklasse von γ $(n-1)!$ Elemente. Also ist $|C(\gamma)| = n$ (Proposition 7, Seite 51). Doch $C(\gamma)$ enthält die n Potenzen von γ und daher keine anderen Elemente.

7. Die Konjugiertenklasse von λ enthält $\dfrac{n!}{(n-1)}$ Elemente. Also ist $|C(\lambda)| = n-1$; doch $C(\lambda)$ enthält die $n-1$ Potenzen von λ.

8. Wenn Z das Zentrum von S_n ist, dann gilt $Z < C(\gamma) \cap C(\lambda) = \iota$, wobei γ und λ wie in den Übungen 6 und 7 definiert ist.

9. (i) $a\lambda_u\lambda_v = u^{-1}a\lambda_v = v^{-1}u^{-1}a = (uv)^{-1}a = a\lambda_{uv}$;   (ii) $\lambda_u = \iota$ genau dann, wenn $u^{-1}a = a$ für alle $a \in G$, also $u = 1$;   (iii) $a\lambda_u\rho_x = u^{-1}ax = a\rho_x\lambda_u$ $(a \in G)$;   (iv) angenommen $a\theta\lambda_u = a\lambda_u\theta$ $(\forall\, a, u \in G)$. Setze $a = 1$ und definiere $x = 1\theta$. Dann ist $x\lambda_u = 1\lambda_u\theta$, das heißt $u^{-1}x = u^{-1}\theta$. Da u^{-1} ganz G durchläuft, wenn u dies tut, folgt $\theta = \rho_x$. Ähnlich folgt aus $a\eta\rho_x = a\rho_x\eta$, $\eta = \lambda_u$, mit $1\eta = u^{-1}$.

10. Setze $[G : H] = n$. Dann existiert ein injektiver Homomorphismus $\theta : G \to S_n$. Also ist $|G\theta| = 168 \leqslant n!$ und daher $n \geqslant 6$.

11. Der Ursprung sei im Mittelpunkt des Rechteckes und die Seiten seien parallel zur x- beziehungsweise y-Achse. Dann sind die Symmetrieoperationen die identische Operation und die Drehung um π um jede der Koordinatenachsen. Die Gruppe ist isomorph zur Vierergruppe.

12. In der Nebenklassenzerlegung von G bezüglich G_1 tritt der Buchstabe 1 gerade in den Permutationen auf, die nicht zu G_1 gehören, also $g-(g/n)$ mal; dasselbe gilt auch für jeden anderen Buchstaben.

Kapitel VIII

1. Die Gruppe V (Seite 40) ist ein Normalteiler von A_4 der Ordnung 4 und ist daher die einzige Sylow-Gruppe dieser Ordnung. Jeder 3-er Zyklus erzeugt eine 3-Sylow-Gruppe, z.B.: 1, (123), (132). Es gibt vier solche Gruppen der Ordnung 3, jede entspricht einer Wahl von drei der vier Objekten, auf denen A_4 operiert.

2. Die Permutationen $a = (1234)$ und $b = (24)$ erzeugen eine Untergruppe der Ordnung 8 mit folgenden Elementen:
(1), (1234), (1432), (24), (13), (12)(34), (13)(24), (14)(23).
Dies ist eine 2-Sylow-Gruppe. Wegen $a^4 = b^2 = (ab)^2 = 1$, ist diese Gruppe zur Diedergruppe (Tabelle (xi), Seite 44) isomorph. Die Sylow-Gruppe ist klarerweise nicht normal und deshalb nicht eindeutig bestimmt. Es gibt drei 2-Sylow-Gruppen.

3. So eine Gruppe müßte acht Gruppen der Ordnung 7 und sieben Gruppen der Ordnung 8 enthalten, was für eine Gruppe der Ordnung 56 unmöglich ist.

4. Es gibt $1 + xp$ p-Sylow-Gruppen und $1 + xp \mid p^2q$. Also gilt $1 + xp \mid q$ und daraus folgt $x = 0$.
Es gibt $1 + yq$ q-Sylow-Gruppen und $1 + yq \mid p^2q$, also $1 + yq \mid p^2$. Solange nicht $y = 0$, würde dies zur Folge haben, daß $1 + yq$ gleich p oder p^2 ist; in beiden Fällen gilt $q \mid p^2 - 1$, was ausgeschlossen ist. Also gilt $G = P \times Q$ mit $|P| = p^2$ und $|Q| = q$. Da P und Q abelsch sind, ist es auch G.

5. Es sei $|G| = p^m g'$ mit $(g', p) = 1$ und $|K| = p^\mu$. Verwende die Zerlegung in doppelte Nebenklassen von G bezüglich K und einer p-Sylow-Gruppe P, etwa
$$G = Kt_1P \cup Kt_2P \cup \ldots \cup Kt_rP.$$
Wie im Beweis von Theorem 29 kann man zeigen, daß mindestens ein Index j existiert mit $|t_j^{-1}Pt_j \cap K| = p^\mu$, das heißt $K \leqslant t_j^{-1}Pt_j$.

6. Nach Übung 5 gilt $t_jKt_j^{-1} \leqslant P$. Wegen $K \lhd G$ ist $t_jKt_j^{-1} = K$, also $K \leqslant P$.

7. Es sei $|G| = p^m s$, mit $(p, s) = 1$. Dann ist $|P| = p^m$. Nun ist HP eine Gruppe, da $H \lhd G$ und daher $HP = PH$ gilt (Theorem 5, Seite 45). Klarerweise ist $P \leqslant HP$. Also gilt $|HP| = p^m t$, wobei $(p, t) = 1$ und $t \mid s$ nach dem Satz von Lagrange gilt. Die Beziehung $HP/P \cong P/H \cap P$ (Theorem 10, Seite 64) zeigt, daß HP/P eine p-Gruppe ist, weil dies offensichtlich die rechte Seite ist.   (i) Es reicht, zu zeigen, daß $|G/H|/|HP/H|$ zu p relativ prim ist; doch dieser Bruch ist gleich $|G|/|HP| = s/t$ und dies ist tatsächlich zu p relativ prim.   (ii) Nach Theorem 10 gilt wie erforderlich:
$|H|/|H \cap P| = |HP|/|P| = t$.

Literatur

Burnside, W., 1911. Theory of groups of finite order, 2nd edition. (Reprint by Dover Publications, 1955).

Coxeter, H. S. M., und *Moser, W. O.*, 1965. Generators and relations for discrete groups, 2nd edition (Springer).

Hall, Marshall Jr., 1959. The Theory of groups (Macmillan).

Huppert, B., 1967. Endliche Gruppen I (Springer).

Kurosch, A. G., Gruppentheorie, 2 Bände (Akademie Verlag, Berlin, 1970).

Miller, G. A., Blichfeld, H. F. und *Dickson, L. E.*, 1916. Theory and application of finite groups (John Wiley: reprint by Dover Publications, 1961).

Zassenhaus, H., The theory of groups, 2nd edition, New York, 1958 (deutsch: Lehrbuch der Gruppentheorie, Leipzig 1937).

Sachwortverzeichnis